Joelle Bechara

Impact de la mousson sur la chimie photooxydante en Afrique de l'Ouest

Joelle Bechara

Impact de la mousson sur la chimie photooxydante en Afrique de l'Ouest

Mesures aéroportées dans le cadre du programme AMMA (Analyse Multidisciplinaire de la Mousson Africaine)

Presses Académiques Francophones

Impressum / Mentions légales
Bibliografische Information der Deutschen Nationalbibliothek: Die Deutsche Nationalbibliothek verzeichnet diese Publikation in der Deutschen Nationalbibliografie; detaillierte bibliografische Daten sind im Internet über http://dnb.d-nb.de abrufbar.

Information bibliographique publiée par la Deutsche Nationalbibliothek: La Deutsche Nationalbibliothek inscrit cette publication à la Deutsche Nationalbibliografie; des données bibliographiques détaillées sont disponibles sur internet à l'adresse http://dnb.d-nb.de.

Coverbild / Photo de couverture: www.ingimage.com

Verlag / Editeur:
Presses Académiques Francophones
ist ein Imprint der / est une marque déposée de
AV Akademikerverlag GmbH & Co. KG
Heinrich-Böcking-Str. 6-8, 66121 Saarbrücken, Deutschland / Allemagne
Email: info@presses-academiques.com

Herstellung: siehe letzte Seite /
Impression: voir la dernière page
ISBN: 978-3-8381-7583-6

Ce travail a été réalisé au Laboratoire Interuniversitaire des Systèmes Atmosphériques (LISA) à Créteil. Je remercie tout d'abord M. Jean-Marie Flaud de m'avoir accueilli dans son laboratoire. J'adresse également mes remerciements à l'ensemble des membres de mon jury d'avoir accepté d'évaluer ce travail : M. Gérard Ancellet et M. Bernard Bonsang pour m'avoir fait l'honneur de rapporter ce travail, ainsi que Mme Céline Mari, M. Joost De Gouw et M. Bernard Aumont pour avoir participé au jury.

Je tiens aussi bien évidemment à remercier mes directeurs Pascal Perros et Agnès Borbon. Agnès, tout d'abord merci pour m'avoir accompagné dans ce travail, merci également pour ta confiance, ton soutien, ta disponibilité et ton encadrement tout au long de cette thèse. Ton soutien amical et ton enthousiasme ont conduit à des échanges scientifiques constructifs. J'espère que tu garderas pour toujours ta bonne humeur ! Mes remerciements vont aussi à Pascal qui a aussi été présent pour encadrer ce travail. Je tiens à le remercier pour ses conseils, son soutien et toutes les connaissances scientifiques qu'il m'a transmises.

Mon passage au LISA a été pour moi l'occasion de rencontrer et d'échanger avec nombreux chercheurs qui m'ont beaucoup aidé dans le cadre de mon travail et dans les activités annexes que j'ai pu conduire. Je les remercie tous et je voudrais aussi remercier tous les membres de mon équipe MEREIA ; en particulier M. Jean-Francois Doussin pour ses précieuses suggestions, son appui et ses conseils pertinents, Charbel, tu as été le premier à me guider vers le monde de la recherche. Junnan, avec qui j'ai fait ce chemin pas à pas ; Aurélie qui a toujours animé et vivifié nos journées, j'espère que tu fais pareil dans ton nouveau labo ! ; et puis aussi tous les autres, permanents, doc et post-doc, qui feront la liste bien plus longue.

Ce travail de thèse a commencé par la campagne AMMA qui a été pour moi une expérience inoubliable. Elle m'a permis de rencontrer nombreux scientifiques avec lesquels les échanges scientifiques ont perduré tout au long de cette thèse. Je les remercie tous. Pour finir, je voulais saluer spécialement ma famille : mes parents, Raymond et Carmen, qui m'ont toujours encouragé à aller plus loin, et aussi Micha, Romy, Teta Elie, Daddy, Teta Poussy, Poussy, Josiane... et merci à tous mes amis qui n'ont toujours pas compris pourquoi l'Afrique m'intéresse autant, et à Jorj, qui lui, a tout compris !

Table des matières

Introduction générale

Le système atmosphérique subit de nos jours des perturbations diverses susceptibles de le mener vers un sérieux déséquilibre. L'accroissement significatif des émissions anthropiques augmente les concentrations des polluants dans l'atmosphère. Cette augmentation concerne pour l'essentiel les gaz à effet de serre (ex. : CO_2) mais aussi des composés gazeux traces comme les composés organiques volatils (COV) et des oxydes d'azote (NOx). Dans l'atmosphère, ces derniers subissent des transformations chimiques, principalement des réactions d'oxydation, qui mènent à la formation de polluants secondaires comme l'ozone, des espèces radicalaires (HOx, ROx) ou encore des espèces oxydées plus stables telles que les composés carbonylés (ex. formaldéhyde) ou les nitrates organiques (ex. PAN). Ces espèces peuvent avoir des impacts à différentes échelles. A l'échelle locale, les épisodes de pollution photochimique ont des conséquences sanitaires importantes. A grande échelle, l'augmentation des concentrations accroît la capacité oxydante de l'atmosphère et, de fait, est susceptible de provoquer un changement généralisé du climat au travers, pour certains, de leur contribution à l'effet de serre. Le changement climatique global s'avère donc intimement lié à l'évolution de la composition chimique de l'atmosphère au travers de l'équilibre du système $COV-NOy-HOx-O_3$. Afin de prévoir l'évolution de ce système et d'évaluer son l'implication sur le climat, il est essentiel de documenter et de quantifier la composition chimique troposphérique.

De nombreuses études ont permis cette documentation et cette quantification principalement dans les régions urbanisées aux moyennes latitudes (Europe et Amérique du Nord). D'autres régions du monde sont beaucoup moins bien étudiées. C'est le cas des régions tropicales bien que celles-ci jouent un rôle critique sur la composition atmosphérique globale pour trois raisons majeures :
(1) l'existence d'importantes sources de précurseurs d'espèces photooxydantes notamment de composés gazeux d'origine naturelle et anthropique.

3

(2) une photochimie active induite par le rayonnement solaire intense reçu sous les tropiques. Les observations des distributions des constituants atmosphériques au niveau global affichent des concentrations d'ozone et des radicaux OH importantes au niveau des tropiques, ce qui confère à la troposphère tropicale une capacité oxydante élevée (Collins et al., 1999 ; von Kuhlmann, 2001 ; Martin et al., 2002)

(3) une activité convective intense. En effet, le développement de systèmes convectifs implique un transport rapide des espèces réactives depuis la surface jusqu'au sommet de la troposphère libre. Les implications de ces espèces sur la composition chimique à moyenne et grande échelle, via leur transport longue distance, sont alors critiques.

Ces différents processus et leurs couplages représentent l'une des plus grandes incertitudes actuelles dans notre compréhension du changement climatique global. Les régions tropicales subissent rétroactivement les conséquences de ce changement climatique au travers de phénomènes extrêmes tels que les inondations, les sécheresses et les cyclones. Elles sont, en effet, des régions sensibles. Leur localisation géographique d'une part les expose à des conditions météorologiques très marquées (rayonnement intense, convection, mousson…). Elles sont d'autre part confrontées à des problèmes socio-économiques (pauvreté, famine, croissance démographique…) qui accentuent les changements récents en cours (dégradation de la forêt, sécheresse, augmentation des émissions anthropiques…).

L'évaluation de l'impact et de la sensibilité des régions tropicales sur le changement climatique repose donc sur la connaissance des processus chimiques contrôlant la capacité oxydante atmosphérique dans ces régions, associée à celle des processus de transport. Si des modèles numériques globaux de chimie-transport ont été développés afin de prévoir les évolutions futures, notamment sur le bilan de l'ozone, la divergence des prédictions reste très forte dans ces régions et montre que cette connaissance est encore très partielle. Le changement global renforce d'autant plus l'amplitude de ces processus et rend la tâche des modélisateurs plus ardue. Aussi, une caractérisation détaillée des espèces d'intérêt atmosphérique est essentielle pour appréhender ces processus et contraindre les modèles dans ces régions du globe où le manque de données expérimentales est évident. Cela doit passer par la mise en œuvre de mesures in situ. Cette problématique est un des volets du programme international AMMA (Analyse Multidisciplinaire de la Mousson Africaine) en Afrique de l'Ouest et dans lequel s'inscrit cette thèse.

L'objectif principal de AMMA est d'améliorer les connaissances et la compréhension de la mousson, de sa variabilité et de ses impacts en l'Afrique de l'Ouest (Redelsperger et al., 2006). Ce programme se propose, pour la première fois, d'établir une base de données conséquente sur l'Afrique de l'Ouest en couvrant différents domaines (chimie, dynamique, hydrologie, sociologie...). Au-delà de l'intérêt scientifique qu'il porte, ce programme s'intéresse aussi aux conditions sociétales et vise à parvenir à de meilleures prévisions sur la région dans le but d'améliorer les conditions de vie des populations locales, leur possibilité de gérer les impacts des fortes variabilités climatiques, surtout dans un contexte où la situation socio-économique est dure (dégradation des sols, baisse des rendements agricoles, sécheresse...). En effet, l'Afrique de l'Ouest subit lourdement les conséquences de ces changements récents. Les populations ont souffert d'une sécheresse particulièrement longue à la fin du 20ème siècle essentiellement due au dérèglement du système climatique dans la région et en particulier du cycle de mousson.

Dans le cadre de ce programme, l'objectif de cette thèse est de caractériser et d'évaluer l'impact de la convection nuageuse profonde sur la chimie photooxydante de la troposphère libre en Afrique de l'Ouest, en particulier pour les composés organiques volatils (COV), qui sont d'importants précurseurs d'ozone.

Ce travail s'appuie sur l'ensemble des données physico-chimiques, incluant les composés gazeux traces d'intérêt, recueillies au cours de la campagne d'observation aéroportée intensive, qui s'est déroulée au Niger, en août 2006. Une première étape nécessaire à ce travail a consisté en la mise au point d'une nouvelle instrumentation aéroportée pour assurer la mesure des COV durant AMMA, en particulier les hydrocarbures non méthaniques (HCNM), afin de pouvoir disposer d'un ensemble de données chimiques pertinent. En effet, il était indispensable de compléter le dispositif instrumental des plateformes aéroportées françaises par cette mesure, jusqu'alors non disponible. Puis, notre approche a consisté en la mise en œuvre de différents outils diagnostiques de traitement des données et d'un modèle photochimique de boîte 0D, à partir des observations in-situ.

La première partie de ce manuscrit rend compte de la physico-chimie du système atmosphérique et de son implication aux échelles locale et globale. Elle décrit l'impact qu'induisent les émissions intenses de précurseurs d'ozone, en particulier les COV, sur la réactivité atmosphérique et la capacité oxydante de l'atmosphère, en particulier dans la haute troposphère. Elle expose enfin la problématique des régions tropicales, la sensibilité du système atmosphérique dans ces régions, en particulier en Afrique de l'Ouest, et les limites de nos connaissances.

La deuxième partie présente dans un premier temps la stratégie expérimentale générale du programme AMMA, puis celle propre à la campagne d'observation intensive de l'été 2006 sur laquelle s'appuie ce travail. Les différentes périodes d'observation, la campagne de mesure aéroportée et le dispositif instrumental déployé y sont décrits. Dans un deuxième temps, la nouvelle instrumentation de mesure des COV sur les deux plateformes aéroportées françaises, l'ATR-42 et le F-F20, développée au LISA, et les enjeux de sa mise au point sont exposés. Le développement du nouveau préleveur automatique AMOVOC et la mise au point de l'analyse des HCNM par un système de chromatographie en phase gazeuse et couplé à la spectrométrie de masse (GC-MS) ainsi que leur adaptation aux contraintes aéronautiques sont présentés. Ce travail a fait l'objet d'un article paru dans le journal Analytical and Bioanalytical Chemistry en juillet 2008.

La troisième partie présente les résultats obtenus à partir des observations recueillies à l'issue de la campagne intensive de l'été 2006. L'utilisation de traceurs physico-chimiques multiples (ozone, monoxyde de carbone et humidité relative) a d'abord permis de caractériser le domaine d'étude et d'isoler les situations impactées par la convection nuageuse profonde. Puis, la mise en œuvre d'outils diagnostiques (rapport de concentrations de COV ad hoc, « horloges photochimiques », réactivité totale vis-à-vis de OH) a permis de mettre en évidence l'impact de la convection nuageuse profonde sur la redistribution des composés gazeux traces, et notamment les COV, sur la colonne troposphérique. Ces résultats ont fait l'objet d'un article publié dans le journal Atmospheric Chemistry and Physics Discussion en septembre 2009. Enfin, le mécanisme chimique MCM (Master Chemical Mechanism) couplé à un modèle de boite 0D paramétré au regard des conditions de la haute troposphère tropicale, a permis de suivre l'évolution de la composition chimique de l'enclume convective après passage des systèmes convectifs de méso-échelle (MCS). La production d'ozone et sa sensibilité aux précurseurs gazeux (NOx et COV) a été également évaluée.

7

Le système atmosphérique est devenu un champ de recherche et d'étude majeur depuis l'émergence des problèmes environnementaux du fait de son étroite interaction sur le climat. La plupart des processus physico-chimiques et photochimiques troposphériques ainsi que le rôle des différents constituants atmosphériques sont aujourd'hui bien compris et documentés et décrits dans le détail dans la littérature (ex. Le Cloirec, 1998 ; Seinfeld et Pandis, 1998 ; Finlayson-Pitts et Pitts, 2000 ; Delmas et al., 2005). Néanmoins, certaines incertitudes demeurent sur quelques points délicats comme le rôle des régions tropicales sur l'équilibre climatique global et notamment l'interaction entre les processus chimiques et dynamiques.

Dans cette partie, les éléments essentiels de la physico-chimie atmosphérique seront rappelés au service des questions scientifiques que traite cette thèse. La problématique des régions tropicales est aussi exposée. Elle explique la sensibilité de ces régions et en particulier le rôle de l'Afrique de l'Ouest.

1. Physico-chimie troposphérique

1.1. Dynamique troposphérique

1.1.1. Structure de l'atmosphère

L'atmosphère constitue l'enveloppe gazeuse de la Terre. Elle est schématiquement découpée en quatre couches que sont la troposphère, la stratosphère, la thermosphère et l'ionosphère (Figure I-1). La structure verticale est déterminée par le profil de la température. La troposphère est la couche de l'atmosphère la plus proche de la surface de la Terre. Elle s'étend depuis la surface jusqu'aux altitudes de 10 à 17 km selon la latitude et la saison. La température y est essentiellement décroissante avec l'altitude. La tropopause correspond à une rupture de ce gradient de température à partir de laquelle la température commence à augmenter avec l'altitude. L'existence de cette couche d'inversion est une caractéristique essentielle de la Terre. Elle limite les échanges entre la troposphère et la stratosphère qui s'étend sur les altitudes allant jusqu'à 50 km. Dans la stratosphère, la température est d'abord constante puis croît du fait de l'absorption par l'ozone et par l'oxygène moléculaire des UV solaires ($\lambda < 290$ nm). C'est la zone qu'on appelle communément « la couche d'ozone ».

Au-dessus de 50 km, la mésosphère s'étend jusqu'à 85 km d'altitude. La température diminue pour atteindre −100°C (le point le plus froid de l'atmosphère). Puis s'étendent la thermosphère et l'exosphère jusqu'à 150 km d'altitude où la température continue d'augmenter. La dynamique atmosphérique diffère d'une couche à l'autre : dans les couches à gradient positif de température, l'atmosphère est stable, c'est-à-dire que les mélanges verticaux se font difficilement, tandis que les couches à gradient négatif présentent une instabilité importante facilitant les mélanges verticaux. C'est le cas de la troposphère dans laquelle se déroule l'essentiel des processus qui nous intéressent. A son tour, elle est découpée en deux parties qui sont la basse troposphère (ou couche limite atmosphérique) et la troposphère libre qui regroupe moyenne et haute troposphère.

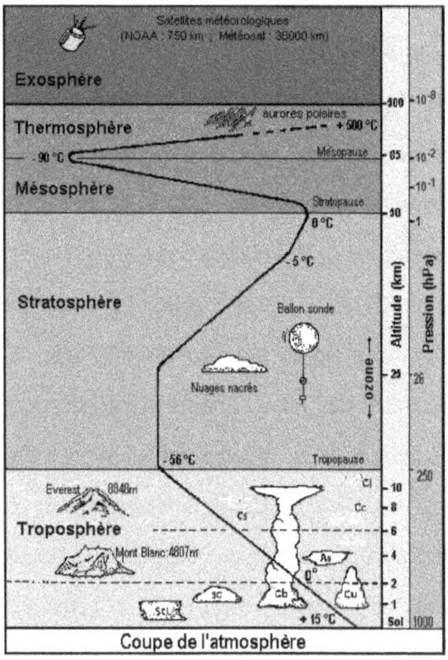

Figure I-1 : Structure verticale de l'atmosphère

12

1.1.1.1. Basse troposphère

La basse troposphère (BT) est caractérisée par la couche limite atmosphérique (CLA). La CLA est la partie la plus proche de la surface de la Terre et est définie comme étant la « couche directement influencée par la surface » (Stull, 1988). Sa hauteur varie en moyenne entre 1 et 2 km d'altitude. La CLA est un milieu particulièrement complexe en raison des effets de surface : reliefs, propriétés radiatives du sol, émissions, turbulence, etc.

1.1.1.2. Troposphère libre

La troposphère libre est la couche atmosphérique comprise entre la CLA et la tropopause et qui n'est plus influencée par l'effet de surface. Dans cette couche, les turbulences de la CLA disparaissent.

1.1.1.3. Haute troposphère

La haute troposphère (HT) est la plus haute couche de la troposphère libre située juste en dessous de la stratosphère. Elle constitue l'interface d'échange avec cette dernière. Dans cette couche, la température atteint le minimum des valeurs troposphériques (-50°C) avant de ré-augmenter dans la stratosphère. L'altitude de cette région varie entre 6 et 8 km dans les régions polaires et 12 à 17 km dans les régions tropicales.

1.1.2. Circulation atmosphérique générale

La circulation atmosphérique générale est initiée par le rayonnement solaire, son moteur principal. Les mouvements de l'air sont dus à trois facteurs : l'instabilité verticale de l'atmosphère, le mouvement de rotation de la Terre et l'inhomogénéité de l'énergie solaire reçue à sa surface. Ces facteurs provoquent des déséquilibres dynamiques dans l'atmosphère produisant des mouvements horizontaux et verticaux de l'air par les vents et la turbulence et définissent la circulation atmosphérique générale. Un des rôles essentiels de la circulation générale est le transport des masses d'air et le transfert d'énergie à l'échelle globale. La distribution des espèces atmosphériques à l'échelle du globe va dépendre aussi de cette circulation (Delmas et al., 2005).

Dans l'atmosphère, ces mouvements de transport se produisent à des échelles spatio-temporelles très variées. L'échelle globale ou échelle planétaire désigne des systèmes d'extension atteignant 10 000 km et correspond, entre autres, à l'échelle de la zone de convergence intertropicale (ZCIT). L'échelle synoptique concerne les systèmes d'échelle de l'ordre de 1000 km et de quelques jours (systèmes dépressionnaires…). La méso-échelle s'étend de 10 à 100 km sur une échelle temporelle de quelques heures (systèmes convectifs, fronts de vent...). L'échelle convective a une extension horizontale de 1 à 10 km et temporelle de l'ordre de l'heure (échelle des cumulonimbus, des orages, des cellules convectives…). Enfin la micro-échelle est d'extension inférieure au kilomètre et correspond par exemple aux phénomènes tourbillonnaires dans la couche limite. Dans la troposphère, il se déroule des processus couvrant toute cette gamme d'échelles.

Dans la CLA, la dynamique et la turbulence permettent les échanges de chaleur et le mélange des composés émis près de la surface. Dans la troposphère libre, les turbulences de la CLA disparaissent ; la troposphère libre n'est turbulente que de manière occasionnelle. Dans la HT, les courants de vents sont plus intenses que ceux aux altitudes inférieures. Ils permettent le transport et le mélange des masses d'air à l'échelle globale et font de la HT une région clé en ce qui concerne les interactions avec le climat.

1.2. Composition chimique de la troposphère

La troposphère, qui est la couche qui interagit directement avec la surface de la terre, agit comme un réacteur chimique dans lequel de grandes quantités de composés (comme les composés organiques volatils (COV), les oxydes d'azote

(NOx), le monoxyde de carbone (CO), les aérosols, les suies…) y sont injectées par diverses sources naturelles et/ou anthropiques. La composition de l'atmosphère terrestre est donc un mélange complexe et « multiphasique » puisque les espèces chimiques qui y sont présentes sont à l'état gazeux mais aussi sous forme de particules liquides ou solides en suspension.

Une fois dans la troposphère, ces composés vont subir des réactions de transformation chimique qui mènent à la formation de composés impliqués dans l'effet de serre et le bilan radiatif terrestre comme le dioxyde de carbone (CO_2) et la vapeur d'eau (H_2O), termes finaux de l'oxydation des composés précurseurs, mais aussi des espèces intermédiaires tels que l'ozone, les espèce radicalaires et les aérosols organiques secondaires (AOS) (Atkinson, 2000 ; Jacobson et al., 2000 ; Kanakidou et al., 2008). Dans la troposphère, ces composés subissent aussi des processus dynamiques de transport et de mélange aux échelles locales à globales par les mouvements de circulation décrits précédemment.

La composition chimique de l'atmosphère est donc intimement liée à trois facteurs : les émissions des composés, les réactions de transformations chimiques et la dynamique de transport. Capacité oxydante et système climatique évoluent sous l'influence de ces facteurs. Ils sont particulièrement sensibles dans la troposphère où les paramètres physico-chimiques (température, pression, humidité…) sont très variables. Les perturbations d'origine anthropique ou naturelle amenées à ce système (via les émissions de surface par exemple) peuvent mener à la modification du bilan d'un certain nombre de composés et en particulier de l'ozone, de la capacité oxydante atmosphérique (COA) et contribuer à l'augmentation de l'effet de serre.

1.2.1. Déterminants de la composition chimique troposphérique

1.2.1.1. Emissions

La présence de composés dans l'atmosphère est conditionnée par les émissions primaires d'origine naturelle et anthropique. Ces dernières années, les activités humaines perturbent de façon significative les quantités émises de composés dans l'atmosphère. La grande variabilité spatio-temporelle des émissions détermine leur importance relative selon les composés et selon les échelles spatio-temporelles considérées. A l'échelle planétaire, le bilan des sources permet d'expliquer la composition chimique moyenne de l'atmosphère et de comprendre son évolution en comparant les émissions naturelles et anthropiques. A des échelles spatiales et temporelles plus fines (méso-échelle et micro-échelle), une connaissance des inventaires locaux des émissions à une résolution plus importante est généralement nécessaire (Delmas et al., 2005) mais reste complexe car intimement liée à la connaissance de facteurs techniques et socio-économiques.

1.2.1.2. Transformations chimiques

La grande majorité des espèces émises dans l'atmosphère est éliminée par réactions chimiques. Ces processus contrôlent donc le temps de vie de ces espèces dans le réservoir atmosphérique. De plus, ces transformations chimiques sont à l'origine de polluants secondaires comme l'ozone mais aussi l'aérosol organique secondaire. La formation de l'ozone est imbriquée dans un mécanisme chimique réactionnel complexe qui implique différents précurseurs dont les concentrations gouvernent les régimes de production d'ozone. Ces mécanismes de la chimie troposphérique en phase gazeuse sont discutés plus en détail dans la partie 1.2.2.

1.2.1.3. Transport atmosphérique

i. Transport horizontal

Le moteur du transport horizontal est le vent. Le transport horizontal explique le déplacement des polluants les plus stables sur de longues distances. La vitesse caractéristique du vent longitudinal est de l'ordre de 10 m.s^{-1}. Pour le vent latitudinal, la vitesse est plus faible de l'ordre de 1 à 2 m.s^{-1}. Sur cette base, les temps de transport caractéristiques sont estimées à quelques jours pour du transport continental, une à deux semaines pour du transport intercontinental, un à deux mois pour le mélange hémisphérique et à 1 à 2 mois pour le transport au Pôle ou à l'Equateur. A la jonction des deux hémisphères, se situe la zone de convergence intertropicale (ZCIT). Cette zone rend le passage d'un hémisphère à l'autre assez difficile. Il s'agit d'une zone de convergence de masses d'air créant une barrière importante et une ascendance de masses d'air. Le temps de transfert inter-hémisphérique est donc très lent (de l'ordre de 1 an) et s'effectue via des processus dynamiques spécifiques comme les ouragans, les déplacements saisonniers de la ZCIT ou encore des ruptures locales de la ZCIT comme la mousson par exemple.

ii. Transport vertical

Tout processus de transport vertical des masses d'air est du à la présence d'une instabilité et est qualifié de convection. Cette convection peut être sèche ou humide et d'intensité variable. Le réchauffement produit par le rayonnement solaire sur la surface terrestre qu'elle transmet aux parcelles d'air environnantes génère ces courants verticaux. Les vents verticaux sont beaucoup plus faibles que les vents horizontaux. Les temps de transports sont très variables. Dans la CLA, ils sont de l'ordre de quelques heures à un jour. Pour atteindre la troposphère libre, les masses d'air mettent environ une semaine. Pour atteindre la haute troposphère, le temps de transport est de l'ordre du mois. L'ensemble des temps de transport atmosphérique vertical est synthétisé dans la Figure I- 2.

Cependant, le transport vertical peut se faire beaucoup plus rapidement (en quelques heures) quand des phénomènes météorologiques spécifiques ont lieu. La haute troposphère connaît occasionnellement des perturbations d'origine naturelle comme ceux liées à la convection nuageuse profonde et qui vont modifier sa composition chimique et les teneurs des espèces qui y sont présentes. Les masses d'air de la basse troposphère vont alors être transportées très rapidement jusqu'à la haute troposphère au travers de structures nuageuses comme les cumulonimbus.

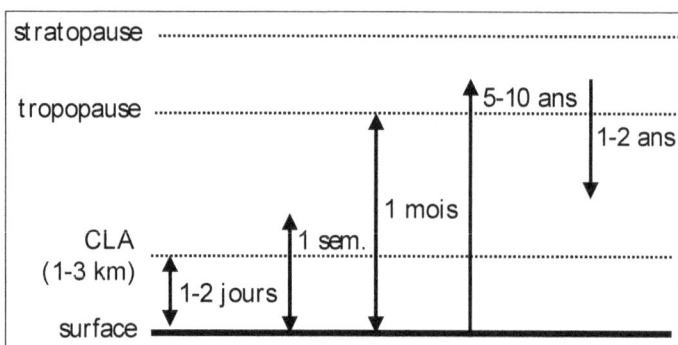

Figure I- 2 : Temps caractéristiques du transport vertical dans la troposphère (adapté de Delmas et al., 2005)

iii. Transport à longue distance

Les processus dynamiques se déroulant dans la troposphère libre contribuent au transport à longue distance des masses d'air. Ce mécanisme est à l'origine de l'exportation de la pollution à l'échelle planétaire. Les masses d'air qui se retrouvent dans la troposphère libre peuvent être transportées sur de grandes distances vers d'autres continents ou jusqu'aux pôles. Cela est à l'origine, par exemple, des masses d'air polluées européennes retrouvées en Arctique (Stohl et al., 2002) ou encore des panaches de feux de biomasses africains détectés au-dessus de l'océan atlantique (Barret et al., 2008).

18

1.2.2. La chimie troposphérique

1.2.2.1. Le système COV-NOx-HOx-O$_3$

Le système gazeux troposphérique est un mélange d'espèces présentes à l'état de trace mais qui peuvent mener à un système chimique très réactif. Les transformations chimiques conduisent à une oxydation progressive des constituants atmosphériques réactifs et mènent à la formation des composés polluants secondaires comme l'ozone.

L'ozone troposphérique est une espèce-clé dans la chimie atmosphérique. Outre sa toxicité avérée pour les êtres vivants, il absorbe les rayonnements infrarouge et ultraviolet et contribue par ce fait à l'effet de serre. Etant un oxydant atmosphérique majeur, l'ozone joue un rôle dans la détermination de la capacité oxydante atmosphérique et sert actuellement de principal indicateur de la qualité de l'air (Finlayson-Pitts et Pitts, 2000).

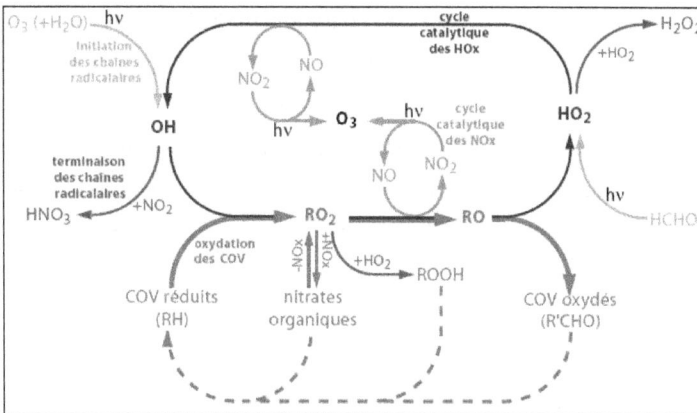

Figure I- 3 : Schéma simplifié des mécanismes impliqués dans la formation d'ozone dans la troposphère (Camredon et Aumont, 2007)

L'ensemble des réactions impliquées dans le cycle de formation de l'ozone est complexe. La Figure I- 3 illustre de manière simplifiée les principaux processus réactionnels y intervenants. Les principaux composants impliqués dans ce cycle, appelés photooxydants, sont les radicaux (HOx), les oxydes d'azote (NOx, NOy) et les composés organiques volatiles (COV).

Ce cycle est principalement initié par les réactions photochimiques amorcées par le rayonnement solaire. Ces réactions mènent à la formation de radicaux OH notamment à partir de la photodissociation de l'ozone :

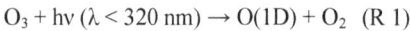

$O_3 + hv\ (\lambda < 320\ nm) \rightarrow O(1D) + O_2$ (R 1)

$O(1D) + H_2O \rightarrow 2\ OH$ (R 2)

où O(1D) est un atome d'oxygène dans un état électronique excité.

Le radical OH formé est l'oxydant majeur de la troposphère. Il joue un rôle central dans les processus d'oxydation atmosphériques en amorçant l'oxydation de la quasi-totalité des espèces chimiques. Il est par cela le principal puits des gaz traces et de ce fait appelé « le détergent » de la troposphère (Crutzen, 1996).

La formation d'ozone provient de la photolyse de NO_2 sous l'action du rayonnement solaire en présence de COV oxydés par le radical OH. En absence de COV, il s'établit un équilibre photostationnaire entre NO_2, NO et l'ozone. Le NO et le NO_2 s'inter-convertissent très rapidement, d'une part, par réaction avec l'ozone et d'autre part par photodissociation. Cela conduit à un cycle au bilan nul en ce qui concerne la formation d'ozone (ex. Seinfeld et Pandis, 1998) :

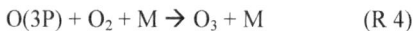

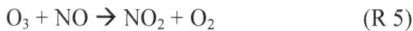

$NO_2 + hv \rightarrow NO + O(3P)$ (R 3)

$O(3P) + O_2 + M \rightarrow O_3 + M$ (R 4)

$O_3 + NO \rightarrow NO_2 + O_2$ (R 5)

où O(3P) est un atome d'oxygène dans un état électronique fondamental et M représente une molécule de O_2 ou de N_2.

En présence de quantités importantes de COV, ce bilan nul peut être rompu. Les COV sont principalement oxydés par action du radical OH, menant à la formation de radicaux peroxyles (RO_2). Ce radical réagit principalement avec NO pour l'oxyder en NO_2 et former un radical alkoxyle (RO). Cette réaction va court-circuiter la réaction d'oxydation de NO par l'ozone (R 5) et permettre l'accumulation de l'ozone. Elle est aussi concurrencée par la formation d'une espèce stable (nitrates organiques $RONO_2$) selon la réaction $RO_2 + NO$ ou encore la formation d'hydropéroxydes (ROOH) par la réaction $RO_2 + HO_2$. Les radicaux alkoxyles (RO) peuvent réagir avec l'oxygène pour former des composés carbonylés oxydés stables qui réagissent à leur tour avec le radial OH jusqu'à l'oxydation totale du carbone en CO_2.

L'oxydation des COV passe donc par une chaîne radicalaire complexe imbriquée dans le cycle menant à la formation d'une multitude de composés organiques secondaires intermédiaires, portant des fonctions oxygénées et azotées avant de former les produits finaux de l'oxydation (Aumont et al., 2005).

Ce cycle est gouverné par les quantités disponibles de NOx, COV et HOx. En milieu pauvre en NOx, les réactions de terminaison du cycle concernent les recombinaisons des radicaux RO_2 et HO_2, notamment par les réactions :

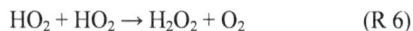

$$HO_2 + HO_2 \rightarrow H_2O_2 + O_2 \qquad (R\ 6)$$
$$RO_2 + HO_2 \rightarrow ROOH + O_2 \qquad (R\ 7)$$

Pour les milieux riches en NOx, le radical OH est consommé par réaction avec NO_2 selon :

$$OH + NO_2 \rightarrow HNO_3 \qquad (R\ 8)$$

1.2.2.2. Régimes de production d'ozone

L'équilibre entre l'ozone, les NOx et les COV est un point clé de la compréhension des mécanismes de la pollution photochimique. Selon les quantités de composés gazeux disponibles, des régimes atmosphériques différents impactant la production d'ozone peuvent être définis (limité en NOx, limité en COV…). La production d'ozone est donc un phénomène non linéaire (Liu et al.,

1987) qui est caractérisé par ces régimes chimiques qui dépendent des rapports de concentrations de COV et de NOx (Milford et al., 1994).

Le rapport COV/NOx est donc un indicateur de l'efficacité de production d'ozone. Il est alors usuel de les visualiser sur des diagrammes isoplèthes (Figure I- 4).

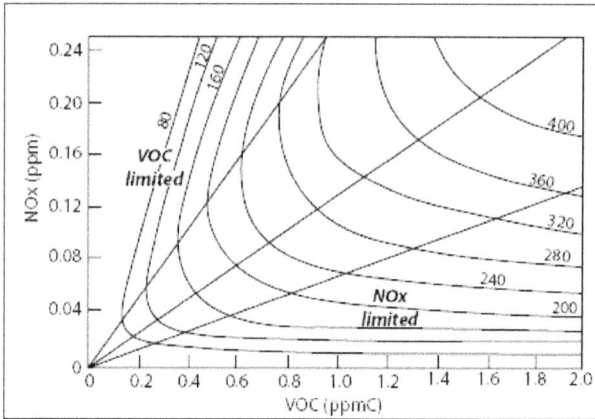

Figure I- 4 : Diagramme isoplèthe de concentration d'ozone en fonction du rapport COV/NOx (adapté de Finlayson-Pitts et Pitts, 2000)

Sur ces diagrammes, les concentrations d'ozone sont représentées comme une fonction des concentrations initiales de NOx et de COV (Seinfeld et Pandis, 1998). Cette figure permet de distinguer 3 domaines de variations des concentrations d'ozone en fonction des variations de concentration de NOX et de COV. Les régimes suivants peuvent en être tirés :

- o Régime standard (4 < Rapport COV/NOx < 15) : La production d'ozone dépend à la fois des concentrations de NOx et de COV. Les diminutions de NOx et/ou de COV entraînent une diminution des concentrations d'ozone. C'est la zone centrale du diagramme.
- o Régime limité en NOx (Rapport COV/NOx > 15) : Les concentrations en NOx sont faibles (milieu rural par exemple), les niveaux d'ozone

22

augmentent avec ceux des NOx de façon quasi linéaire et sont peu perturbés par les variations en COV.

o Régime limité en COV (Rapport COV/NOx < 4) : Les concentrations en NOx sont élevées (régime dit « saturé » en NOX dans une atmosphère urbaine par exemple), les niveaux d'ozone diminuent lorsque les NOx augmentent.

1.2.2.3. Temps de vie atmosphérique

Le temps de vie d'une espèce chimique émise ou formée dans l'atmosphère est un paramètre clé pour déterminer son impact à l'échelle locale, régionale ou globale. Il est conditionné par les puits potentiels de l'espèce qui sont :

o la destruction chimique (oxydation par le radical OH, …)

o la photodissociation sous l'action du rayonnement solaire

o le lessivage humide par les précipitations ou dans les nuages

o le dépôt sec sur les surfaces.

Le temps de vie atmosphérique est aussi sensible aux conditions physiques environnantes comme la température et la pression. Généralement, dans la basse troposphère, les composés ont un temps de vie court et les réactions d'oxydation et de dégradation se déclenchent plutôt rapidement. Dans la HT, les conditions de température et de pression lui confèrent une cinétique chimique plus lente que celle de la CLA ; les composés atteignant la HT vont donc voir leur temps de vie augmenter et vont donc résider plus longtemps dans l'atmosphère (ex. Dickerson et al., 1987 ; Wennberg et al., 1998 ; Poisson et al., 2000). Le temps de vie des NOx peut être jusqu'à 10 fois supérieurs dans la HT : de 5 à 10 jours dans la HT contre 1 jour dans la CLA (Jacob, 1996 ; Jaeglé et al., 2001).

Le facteur dominant déterminant le temps de résidence de beaucoup de composés chimiques réactifs est leur réactivité vis-à-vis du radical OH. Le temps de vie (τ) caractéristique des espèces est décrit par l'équation 1 :

$$\tau = \frac{1}{k[OH]} \quad \text{Équation 1}$$

où k est la constante de réaction de l'espèce concerné vis-à-vis de OH et [OH] la concentration du radical.

Les espèces à courte durée de vie (c'est-à-dire les espèces très réactives) ont d'abord un impact local générant des phénomènes de pollution près des sources alors que les espèces à longue durée de vie sont susceptibles d'être transportées loin des sources à grande distance ou en altitude et donc avoir un impact sur le climat à l'échelle globale.

Sur la base des temps de vie, il est intéressant de classifier les impacts des diverses espèces :

- o l'ozone troposphérique a un temps de vie de quelques jours : l'échelle de la pollution photochimique par l'ozone est donc continentale ;
- o le temps de vie des NOx est de quelques jours. Ils pourront donc être transportés et contribuer à la production d'ozone en aval des sources ;
- o les COV ont des temps de vie variables allant de quelques heures à plusieurs mois : leurs impacts s'étalent donc de l'échelle locale à l'échelle continentale ;
- o le temps de vie du CO est de l'ordre du mois : l'impact s'étend donc à l'échelle globale.

1.2.3. Distribution des principaux constituants troposphériques

La distribution des composés atmosphériques gazeux minoritaires (OH, O_3, NOx, COV et CO) est décrite ici au regard des trois facteurs.

1.2.3.1. Radical OH

La distribution des concentrations du radical OH est un facteur clé pour comprendre l'évolution de la réactivité et de la capacité oxydante de l'atmosphère, OH étant l'oxydant le plus puissant de l'atmosphère. Il est le

24

composé le plus réactif et possède le temps de vie le plus court (1 s à 1 min). Il est produit par différentes réactions, dont la principale est la photolyse de l'ozone. La photolyse de l'acide nitreux contribue également fortement à la production de radicaux. Sa distribution dépend de celle de ses sources et de l'intensité des transformations chimiques. Sa mesure est encore une tâche délicate vu son temps de vie de quelques secondes. Des études de modélisations essayent d'établir sa variabilité à l'échelle planétaire (Figure I- 5).

Les concentrations en radicaux OH dépendent de la localisation géographique et de l'altitude. Sa concentration moyenne globale est estimée à 2.10^6 molécules.cm^{-3} dans la basse troposphère. Dans la HT, l'oxydation du méthane constitue une source importante de radicaux (Jaeglé et al., 2001). OH est généralement plus concentré au niveau des tropiques et moins concentré dans la haute troposphère (Lawrence et al., 2001). Le bilan des radicaux a été déjà étudié sur plusieurs régions (ex. Prather et Jacob, 1997 ; Wennberg et al., 1998 ; Muller et Brasseur, 1999 ; Fuelberg et al., 1999 ; Jaeglé et al., 2001). Pendant l'expérience PEM Tropiques dans le Pacifique équatorial, il a été montré que la haute troposphère est chimiquement beaucoup plus active qu'initialement prévu à cause de la variabilité du bilan des radicaux (Crawford et al., 1999). D'autres observations montrent aussi que la chimie induite par les radicaux HOx (HOx = OH + HO$_2$) dans la HT est de deux à quatre fois plus important que prédite par Levy (1971) (Folkins et al., 1997 ; Wennberg et al., 1998 ; Jaeglé et al., 2001) menant à une production d'ozone importante.

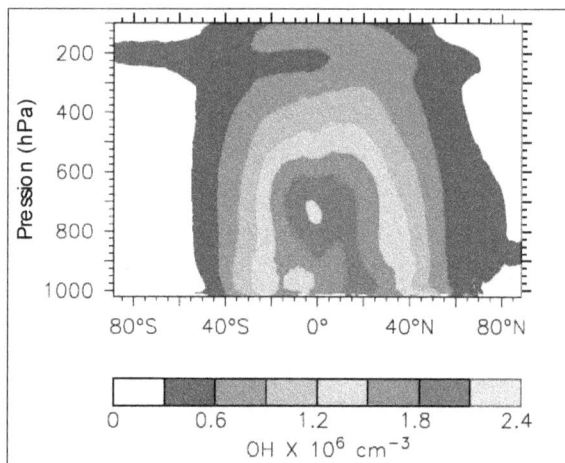

Figure I- 5 : Moyenne zonale annuelle du radical OH (Lawrence et al., 2001 adapté de von Kuhlmann, 2001)

1.2.3.2. Ozone

Oxydant atmosphérique majeur, l'ozone joue un rôle clé dans la détermination de la capacité oxydante atmosphérique et sert actuellement de principal indicateur de la qualité de l'air (Finlayson-Pitts et Pitts, 2000). Outre sa toxicité avérée pour les êtres vivants, il absorbe les rayonnements infrarouge et ultraviolet et contribue par ce fait à l'effet de serre.

L'ozone troposphérique est de source secondaire. Il est produit photochimiquement dans la troposphère par action du rayonnement solaire sur les COV et les NOx. Une faible partie de l'ozone troposphérique provient de la stratosphère (20 %) à cause d'intrusions qui ont lieu par des phénomènes de foliation de tropopause.

Sa production dans la troposphère est majoritairement localisée au voisinage de sources de NOx et de COV. Le temps nécessaire pour produire de l'ozone est donc contraint par le temps de dégradation des COV et des NOx. La production d'ozone est opérée dans des zones éloignées des zones d'émissions de polluants primaires c'est-à-dire dans les zones périurbaines ou aux altitudes plus élevées. Ses puits essentiels sont la photodissociation et le dépôt aux surfaces.

Dans la couche limite atmosphérique, la variabilité de l'ozone dépend de l'intensité des sources d'émission de précurseurs et des processus de transport des masses d'air. Ses concentrations ambiantes n'ont cessé de croitre depuis le début de l'ère industrielle pour passer de 10 ppb à 40 ppb (Volz et Kley, 1988 ; Marenco et al., 1994 ; Lamarque et al., 2005). Les niveaux de fond en ozone sont aujourd'hui d'environ 30 à 40 ppb et peuvent atteindre la centaine de ppb dans les cas d'épisodes de pollution à l'ozone.

Dans la troposphère libre, les concentrations d'ozone sont faibles et vont généralement augmenter avec l'altitude pour atteindre, au niveau de la tropopause, les concentrations stratosphériques.

A l'échelle globale, la distribution d'ozone n'est pas homogène. Les concentrations troposphériques présentent des variabilités géographiques, saisonnières et interannuelles (Martin et al., 2002 ; Tsutsumi et al., 2003 ; Baehr et al., 2003 ; Fishman et al., 2003). Comme nous pouvons le voir sur la Figure I-6, elles sont inégalement réparties sur les deux hémisphères. Les teneurs maximales en ozone sont observées dans l'hémisphère Nord entre 40 et 70 ppb et des teneurs plus faibles sont mesurées dans l'hémisphère sud entre 20 et 25 ppb (Marenco et Said, 1989). Elles illustrent bien la différence des émissions des deux hémisphères et en particulier l'industrialisation plus développée de l'hémisphère nord où les émissions anthropiques de précurseurs entrainent la formation de concentrations importantes d'ozone. Cependant, des concentrations élevées en ozone peuvent être aussi observés au niveau des tropiques, en particulier au-dessus de l'Afrique de l'Ouest (Figure I- 6 ; Martin et al., 2002 ; Fishman et al., 2003 ; Jenkins et Ryu, 2004). Dans ces régions, la production photochimique à partir des émissions de précurseurs (COV, CO, NOx) associées aux éclairs et aux feux de biomasse (Marenco et al., 1990 ; Crutzen et Andreae, 1990 ; Sauvage et al., 2007) peut aussi être très importante conduisant à des teneurs élevées d'ozone (80 à 150 ppb). Ces panaches riches en ozone sont ensuite susceptibles d'être transportés en altitude et dispersés à l'échelle globale par les courants de la circulation atmosphérique (Fishman et al., 1996 ; Aghedo et al., 2007 ; Mari et al., 2008).

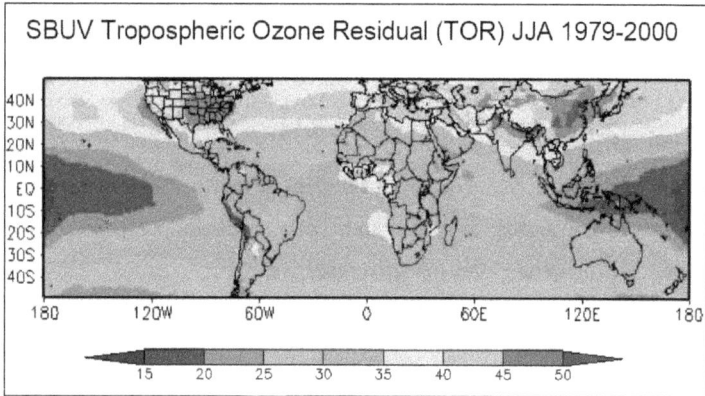

Figure I- 6 : Colonne résiduelle de l'ozone troposphérique en unités Dobson (DU) à partir des observations de TOMS et SBUV (Solar Backscattered Ultraviolet) (Fishman et al., 2003)

1.2.3.3. Oxydes d'azote

Les oxydes d'azote (NOx) regroupent le NO et le NO_2. Ils proviennent essentiellement des activités anthropiques de combustion (70 % des émissions totales). Ils sont produits à la surface par les activités industrielles, le trafic routier et la combustion de la biomasse.

Il existe aussi des sources naturelles comme l'activité biologique des sols (ex. Wildt et al., 1997) et les éclairs (Price et al., 1997 ; Schumann et Huntrieser, 2007). En effet, les éclairs sont la source la plus importante de NOx dans la haute troposphère (Jacob, 1996 ; Schultz et al., 1999 ; Huntrieser et al., 2007) et constituent 30 % des émissions naturelles de NOx (Delmas et al., 2005). Les puits principaux des NOx sont l'oxydation, le dépôt sec et le lessivage.

Les concentrations en NOx varient entre 40 et 80 ppt dans les régions éloignées (environnement marin) et entre 20 à 2000 ppb dans des atmosphères urbaines polluées (NRC, 1991). Les niveaux de fond globaux en NO_2 varient entre 5 et 70 ppb et restent les plus élevés en milieu urbain.

Leur courte durée de vie ne leur permet pas d'avoir une distribution homogène à l'échelle globale. Les observations satellitales de NOx (SCIAMACHY, GOME…) montrent clairement combien les activités de l'homme influent sur les concentrations globales et mettent en évidence leurs zones d'émissions géographiques : les zones industrialisées, les grandes villes et les zones de combustion de biomasse. Les concentrations les plus élevées observées se situent d'une part, près des zones de forte activité industrielle et des centres urbains, et d'autre part, au-dessus des régions tropicales influencées par la combustion de la biomasse et la convection nuageuse accompagnée d'éclairs.

1.2.3.4. Composés organiques volatils

Les Composés Organiques Volatils (COV) sont des molécules contenant au moins un atome de carbone associé à d'autres éléments tels que l'oxygène, l'hydrogène, les halogènes, etc. Ils ont une tension de vapeur suffisamment élevée (> 0,01 kPa à 293 K), dans les conditions normales de température et de pression, pour qu'une partie prépondérante du composé se trouve à l'état de vapeur (Le Cloirec, 1998).

Très nombreux, ils regroupent plusieurs familles chimiques et des centaines d'espèces. Les COV comprennent les hydrocarbures non-méthaniques (HCNM) tels que les alcanes, alcènes, alcynes, aromatiques, mais aussi les composés organiques oxygénés (tels que les aldéhydes, cétones et alcools), les hydrocarbures halogénés (chlorés, fluorés, bromés…) et les hydrocarbures polycycliques (HAP) (Le Cloirec, 1998).

Les COV ont des sources anthropiques et biogéniques. Ils peuvent être émis dans l'atmosphère directement par leurs sources (COV primaires) ou produit par des réactions chimiques dans la troposphère (COV secondaires). Les émissions anthropiques (environ 100 Tg (C).an^{-1}) sont largement dominées à plus de 80 % par les émissions naturelles (environ 500 à 1300 Tg (C).an^{-1} mais ces estimations sont encore incertaines) (Guenther et al., 1995 ; Delmas et al., 2005 ; Sportisse, 2008). Les feux de biomasses sont aussi une source très importante de ces composés constituant 55 % des émissions anthropiques à l'échelle globale (Andreae et Merlet, 2001 ; Delmas et al., 2005 ; Karl et al., 2007) (voir Annexe C).

Tableau I- 1 : Sélection de COV et leur temps de vie vis-à-vis de OH pour [OH] = 2×10^6 moléc.cm^{-3}, (Atkinson, 2000 ; Atkinson et Arey, 2003 ; Atkinson et al., 2006)

Composés	Temps de vie	Composés	Temps de vie
Méthane	12 ans	Octane	0,7 j
Ethane	23,3 j	Benzène	9,4 j
Ethylène	16,3 h	Toluène	1,9 j
Acétylène	2,6 j	Ethylbenzène	19,8 h
Propane	10 j	m+p-Xylène	9,7 h
Propène	5,3 h	o-Xylène	10,2 h
Butane	2,5 j	1,2,4-Triméthylbenzène	4,3 h
Trans-2-butène	2,2 h	1,2,3-Triméthylbenzène	4,2 h
1-Butène	4,4 h	1,3,5-Triméthylbenzène	2,4 h
1,3-Butadiène	2,1 h	-Pinène	2,6 h
1-Pentène	4,4 h	Formaldéhyde	1,2 j
2-Pentène	2,1 h	Méthanol	12 j
Isoprène	1,4 h	Acétone	53 j
Pentane	1,5 j	Acétaldéhyde	8,8 h
Hexane	1,1 j	Glyoxal	1,1 j
Heptane	0,9 j	CFC	> 2 ans

Les sources anthropiques de COV sont principalement liées à la manipulation et la production d'hydrocarbures comme le raffinage du pétrole. La combustion de produits fossiles dans les sites urbains, les industries et les transports (véhicules, etc.) est aussi une source primordiale. La provenance des COV varie selon l'industrialisation du pays et les moyens de transport utilisés (selon l'Organisation de Coopération et de Développement Economiques - OCDE). Les principaux COV anthropiques généralement mesurés sont les précurseurs d'ozone classés sur la base de leur réactivité, de leur abondance et de leur toxicité (Ozone Directive 2002/3/EC, liste dans le Tableau I- 1).

La source biogénique principale des COV est la végétation. Elle émet un large éventail de COV comprenant plus de 400 espèces parmi lesquels l'isoprène (plus de 40 % de la fraction biogénique émise) et les monoterpènes (fraction estimée entre 11 % et 42 %) sont les plus abondants et les plus réactifs (Guenther et al., 1995). Les taux d'émissions de COV d'origine biogénique dépendent en partie du type de végétation et des facteurs climatiques comme la lumière, la température et l'humidité (Guenther et al., 1995).

La distribution des COV, gouvernée par les émissions, la photochimie et le transport des masses d'air, rencontre plusieurs incertitudes notamment à cause du grand nombre de composés et leur large spectre de réactivité. Les profils documentant la distribution des composés sont peu nombreux surtout en ce qui concerne des composés très réactifs comme l'isoprène. Cependant, certaines observations résultent des études menées et renseignent sur la distribution des COV à l'échelle planétaire (Hewitt, 1999 ; Bonsang et Boissard, 1999).

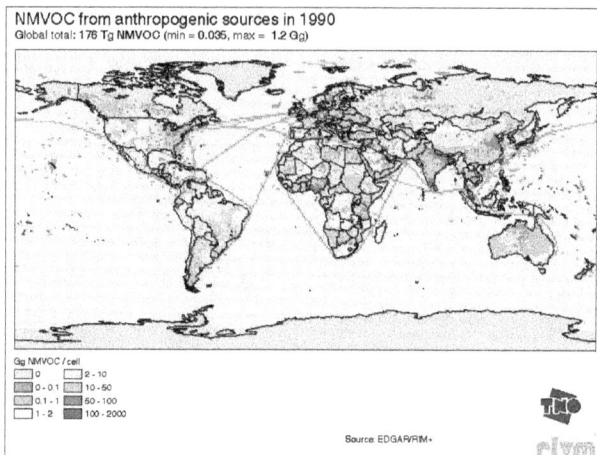

NMVOC from anthropogenic sources in 1990
Global total: 176 Tg NMVOC (min = 0.035, max = 1.2 Gg)

Gg NMVOC / cell
0
0 - 0.1
0.1 - 1
1 - 2
2 - 10
10 - 50
50 - 100
100 - 2000

Source: EDGAR/RIM+

Figure I- 7 : Distribution des COV pour l'année 1990 (EDGAR 2.0 ; Olivier et al., 1994)

A l'échelle locale, l'influence des sources d'émissions comme les sites urbains sur le contenu atmosphérique en COV est important. Aussi, une variabilité saisonnière est notée à cause de la différence d'ensoleillement qui joue sur les émissions surtout biogéniques et la destruction photochimique. A l'échelle globale, une variabilité latitudinale est observée avec des concentrations plus élevés dans l'hémisphère nord (Ehhalt et al., 1985 ; Rudolph et Thomas, 1988) (Figure I- 7). Aux tropiques, les émissions biogéniques issues des forêts tropicales est clairement marquée (Figure I- 8). Dans la troposphère libre, les concentrations sont généralement faibles. Cependant, des concentrations importantes, même pour des composés très réactifs tel l'isoprène, ont été observées sous l'influence du transport vertical (ex. Greenberg et Zimmerman, 1984 ; Ehhalt et al., 1985 ; Dickerson et al., 1987 ; Boissard et al., 1996 ; Fischer et al., 2003).

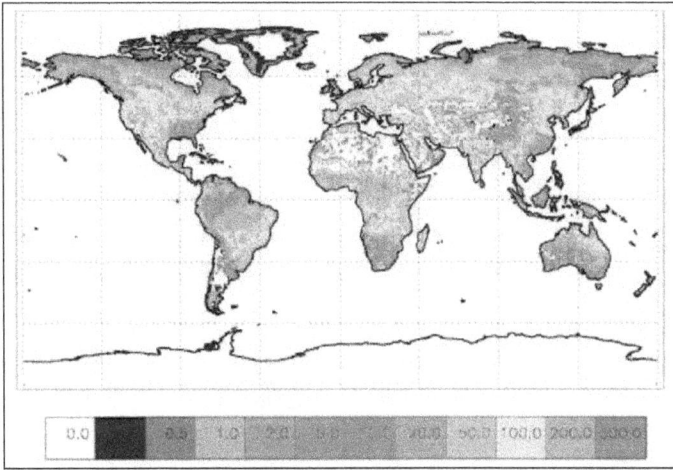

Figure I- 8 : Emissions d'isoprène pour le juillet (10^9 molécules.cm^{-2}.s^{-1})
(Base GEIA Global Emission Inventory Activity)

Les propriétés physico-chimiques très variées des COV déterminent leur devenir atmosphérique. La volatilité de ces composés leur confère l'aptitude de se propager plus ou moins loin de leur lieu d'émission, entraînant ainsi des impacts directs et indirects sur les êtres vivants et l'environnement. Au-delà de l'impact sanitaire avéré de certains composés (ex. le benzène est hautement toxique), les COV sont reconnus comme étant l'un des déterminants gouvernant la chimie photooxydante troposphérique. Ils peuvent alors avoir des répercussions à différentes échelles spatio-temporelles. A l'échelle locale à proximité des zones d'émissions intenses, leur oxydation entraîne le développement de panaches d'ozone et d'espèces secondaires réactives. Aussi, les COV peuvent être transportés loin des zones sources et, associés au système CO et NOx, contrôlent l'abondance de l'ozone et la capacité oxydante de l'atmosphère à l'échelle globale.

1.2.3.5. Monoxyde de carbone

Le monoxyde de carbone (CO) est un gaz qui influence indirectement l'effet de serre (Evans et Puckrin, 1995). Il est toxique et très nocif pour la santé. Il résulte principalement de réactions de combustion incomplète d'hydrocarbures fossiles et de biomasses. Il peut aussi être produit lors de la plupart des réactions d'oxydation. Son puits essentiel est sa destruction par le radical OH (Hauglustaine et al., 1998 ; Finlayson-Pitts et Pitts, 2000 ; Granier et al., 2000). Le CO est un composé relativement stable avec un temps de vie moyen de 2 mois. Il est un traceur atmosphérique des processus de combustion et donc un traceur des pollutions anthropogéniques et des feux de biomasse (Forster et al., 2001). Son suivi à différentes échelles permet d'établir la provenance des masses d'air et fournit des indications sur le transport horizontal et vertical des masses d'air.

Les concentrations en CO les plus élevées sont rencontrées dans la couche limite atmosphérique près de sources de combustion et atteignent la dizaine de ppm (Riveros et al., 1998). Dans la troposphère libre, les concentrations en CO sont moins importantes.

A l'échelle globale, les concentrations en CO varient entre environ 50 et 150 ppb dans les atmosphères dites « éloignées » (Parrish et al., 1991 ; Novelli et al., 1998 ; Derwent et al., 1998). Les concentrations en CO montrent une variabilité saisonnière dans les deux hémisphères mais les sources de CO les plus concentrées, s'élevant à 30 % de la production globale, sont situées essentiellement dans les régions industrialisées de l'hémisphère nord (Khalil et Rasmussen, 1990 ; Novelli et al., 1998). Les feux de biomasses constituent la moitié des émissions de CO à l'échelle globale (Andreae et al., 1988).

La distribution du CO présente des variabilités qui peuvent influencer la production d'ozone à l'échelle globale. Etant un composé plutôt stable, il contribue à la production d'ozone sur des échelles de temps de l'ordre de la semaine au mois.

1.3. Conclusions

Les problèmes de qualité de l'air à l'échelle locale, de modification de la capacité oxydante atmosphérique et le changement climatique à l'échelle globale sont liés à la composition chimique de l'atmosphère et son évolution. La composition chimique de l'atmosphère dépend d'un grand nombre de paramètres : émissions anthropiques et naturelles, réactions photochimiques et processus dynamiques de transport. Le couplage entre dynamique et chimie est complexe et s'opère, comme nous venons de la montrer, à différentes échelles. La composition chimique atmosphérique et son évolution doivent donc être évaluées au regard de ces différents processus pour mieux maîtriser ses impacts sur le système atmosphérique. Cet impact est particulièrement avéré dans certaines régions sensibles comme la troposphère tropicale, présentée dans la section suivante.

2. Les régions tropicales

2.1. Sensibilité des régions tropicales

Dans le système climatique, les régions tropicales jouent un rôle très particulier. Elles assurent des couplages actifs entre atmosphère, océan et surfaces continentales. Les latitudes tropicales influencent par cela la dynamique et la chimie aux échelles locales et globales et affectent ainsi le climat planétaire.

Les conditions de surface de ces régions (savane, forêt tropicale, forêt amazonienne, …) font d'elles des zones source considérables de précurseurs d'ozone tels les COV biogéniques émis par la végétation et les NOx émis par les sols (Saxton et al., 2007 ; Delon et al., 2008).

De part leur localisation géographique sur l'équateur, les régions tropicales reçoivent un fort ensoleillement. L'activité photochimique résultante indique des concentrations en radicaux deux fois supérieures aux concentrations observées aux moyennes latitudes et conduit à de grandes quantités d'ozone (Crutzen et Zimmermann, 1991 ; Crutzen et al., 1999 ; Lawrence et al., 2001 ; von Kuhlmann,

2001). D'un point de vue dynamique, les régions tropicales sont au cœur de la circulation atmosphérique générale. Elles subissent les processus dynamiques et météorologiques les plus violents comme la convection nuageuse profonde, modulés par la zone de convergence intertropicale (ZCIT) et qui assurent le transport des masses d'air sur tout le globe.

Finalement, les régions tropicales sont affectées par les changements récents dus à la croissance démographique et le développement urbain. Les activités agricoles et industrielles qui se développent, entrainent une forte déforestation et une modification du type d'émissions biogéniques et anthropiques. Ces changements augmentent les émissions de polluants atmosphériques et des précurseurs d'ozone comme le prévoient des scénarios d'émissions futures (Nakicenovic et al., 2000).

Pour toutes ces raisons, la physico-chimie atmosphérique est ambigüe au niveau des tropiques vue que les émissions des constituants troposphériques, leur photochimie et leur transport se font de façon intense. L'étude de leur influence sur la chimie atmosphérique et le climat est une tâche importante pour la communauté de chimie atmosphérique : une meilleure compréhension de la physico-chimie atmosphérique globale nécessite une bonne connaissance de la chimie atmosphérique en zones tropicales.

2.2. Etat des connaissances et incertitudes

Les lacunes sur la distribution des constituants atmosphériques sur les tropiques, et notamment l'ozone, sont intimement liées à la sensibilité des régions tropicales mais surtout aux limites des connaissances et aux manques d'observations renseignant ces régions-là.

L'intérêt pour étudier ces régions s'est accru depuis l'observation de concentrations d'ozone troposphérique importantes au niveau des tropiques. Ce fut le cas pour les observations issues du satellite TOMS (Fishman et al., 1990 ;

Martin et al., 2002) où des concentrations d'ozone dépassant les 70 ppb se présentaient au-dessus de l'Afrique (Figure I- 9).

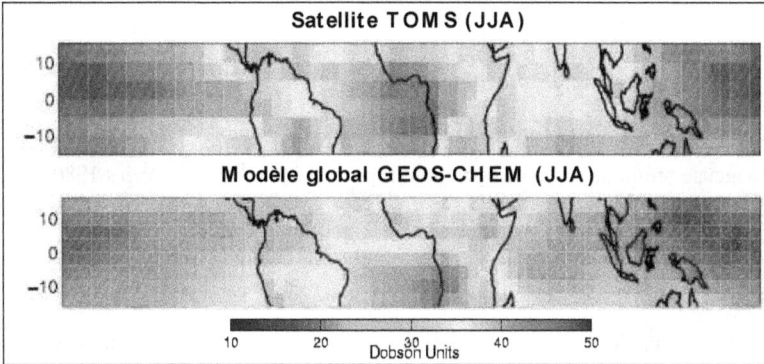

Figure I- 9 : Colonne d'O₃ troposphérique moyenne dans la ceinture tropicale vue par le satellite TOMS et le modèle GEOS-CHEM pour juin, juillet et août (Martin et al., 2002)

De larges divergences demeurent actuellement entre modèles et observations (Martin et al., 2002 ; Eskes et al., 2002 ; Stevenson et al., 2006), en particulier pour le bilan de l'ozone. La Figure I- 9 montre la distribution d'ozone sur la colonne troposphérique dans la ceinture tropicale, issues d'observations par le satellite TOMS et à partir du modèle global GEOS-CHEM sur les mois de juin, juillet et août. Les comparaisons entre observations et modèle montrent des différences notables et de manière plus marquée pour l'Afrique de l'Ouest. Le modèle sous-estime les concentrations en ozone ce qui met en évidence notre méconnaissance des processus mis en jeu dans ces régions du globe.

Ces différences rendent compte en particulier du couplage complexe entre les processus chimiques et dynamiques dans ces régions, associés aux émissions de précurseurs gazeux encore incertaines. En particulier, la représentation des processus dynamiques comme la convection nuageuse profonde restent une des composantes les plus problématiques dans les modèles atmosphériques. La paramétrisation de la convection est d'autant plus importante puisqu'elle influence la distribution des espèces très réactives et affecte la chimie dans la haute troposphère.

2.2.1. Impact sur les précurseurs

L'une des premières observations attestant de l'impact de la convection nuageuse profonde sur la composition troposphérique date des années 1980 : des concentrations en CO avoisinant les niveaux de surface ont été mesurées dans l'enclume d'un cumulonimbus à 10 km d'altitude durant la campagne aéroportée PRESTROM au-dessus de l'Oklahoma (Dickerson et al., 1987).

Les augmentations des concentrations de précurseurs d'ozone semblent être ainsi très importantes dans la haute troposphère lors d'épisodes convectifs comme en témoignent plusieurs campagne aéroportées (ex. Dickerson et al., 1987 ; Pickering et al., 2001 ; Colomb et al., 2006). Fischer et al. (2003) ont mesuré des concentrations en benzène 6 fois plus importantes dans la haute troposphère par rapport aux concentrations dans des conditions non convectives durant la campagne MINOS en Méditerranée orientale. La Figure I- 10 en montre un exemple où une augmentation significative des concentrations est observée à 8 et 10,5 km pour le CO les NOx et différents COV. Les profils verticaux typiques rencontrés lors de conditions convectives présentent généralement une allure en « C » (Figure I- 11). Ceci est lié à la détection de niveaux significatifs de composés gazeux dans la haute troposphère, proches des niveaux de la couche limite de surface, et mettant en évidence le transport des masses d'air depuis la couche limite (Pickering et al., 1988 ; Blake et al., 1996 ; Fischer et al., 2003 ; Doherty et al., 2005). Les processus de dilution subis dans un MCS semblent être minimes comme le démontrent certains auteurs par des études de modélisation (Hauf et al., 1995 ; Ström et al., 1999).

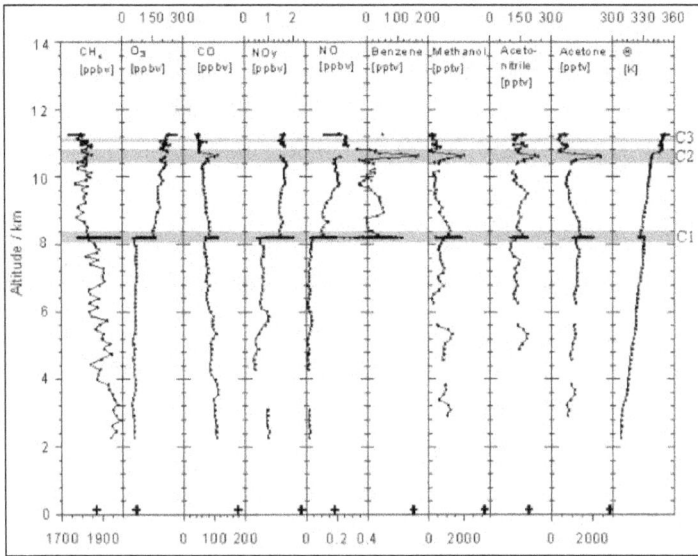

Figure I- 10 : Profils verticaux des composés gazeux durant MINOS en Méditerranée orientale

(Fischer et al., 2003)

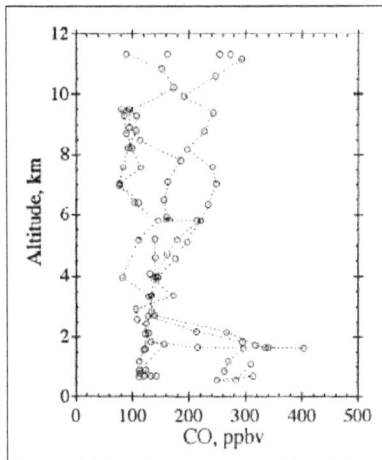

Figure I- 11 : Profil vertical en « C » du CO mesuré au-dessus du Brésil durant TRACE-A

d'après Blake et al. (1996)

2.2.2. Impact sur l'ozone

Dans la troposphère, la concentration d'ozone évolue en réponse à divers processus que sont (i) la production/destruction in-situ résultant des émissions de surface, (ii) les intrusions stratosphériques, (iii) le transport des masses d'air par des mouvements horizontaux et verticaux.

Dans la couche limite et notamment dans des zones couvertes de végétation, l'ozone est constamment détruit par réactions chimiques et dépôt à la surface (ex. Galbally et Roy, 2007) ; ses concentrations sont généralement faibles. Le transport vertical, par convection, emmène donc dans la troposphère libre des masses d'air pauvres en ozone. La convection apparaît comme un puits d'ozone (Kley et al., 1996 ; Solomon et al., 2005) dans l'environnement des systèmes convectifs. Le profil vertical d'ozone caractéristique des conditions convectives affichera une allure en « S » (Figure I- 12), (Folkins et al., 2002 ; Thompson et al., 2003). Cependant, le transport de masse d'air plus pauvres en ozone s'accompagne aussi d'un enrichissement en précurseurs gazeux (ex. Pickering et al., 1993 ; Ellis et al., 1996 ; Thompson et al., 1997 ; Miyazaki et al., 2003 ; Bertram et al., 2007) qui va conduire à une production différée d'ozone en aval des systèmes convectifs. Diverses études (modèles de boîte et observations) montrent en effet que la production d'ozone s'effectue dans l'enclume du système convectif plusieurs jours suivant un événement convectif à des taux de production très variables allant de 0,5 à 8 ppb/jour (Thompson et al., 1997 ; Miyazaki et al., 2002 ; Bertram et al., 2007). La formation d'ozone, non-linéaire, dépend étroitement des concentrations en COV transportés massivement par la convection et en NOx, produits dans la haute troposphère par les éclairs associés aux systèmes convectifs (Huntrieser et al., 2007). Les observations de Thompson et al. (1997) montrent que 20 à 30 % des concentrations en ozone observées dans la haute troposphère résultent de l'activité convective.

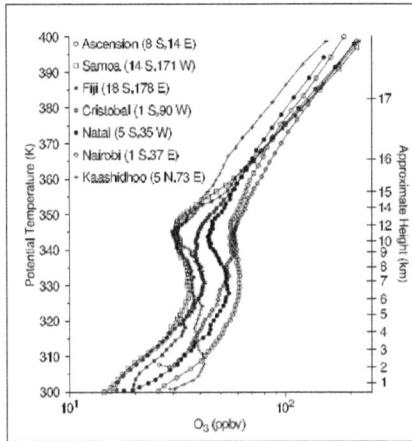

Figure I- 12 : Profils verticaux d'ozone mesurés par ozone-sondes pour différents sites affectés par la convection (Folkins et al., 2002)

Si les modèles de boîtes montrent une production systématique d'ozone en aval des systèmes convectifs, l'impact de la convection nuageuse profonde à l'échelle globale amène à des résultats divergents selon les modèles.

Certains modèles montrent une diminution des concentrations en ozone. Lelieveld et Crutzen (1994) montrent une diminution de 20 % de l'ozone global dans une simulation par un modèle global 3D mais qui ne prend pas en compte la chimie des COV. Doherty et al. (2005) utilisant le modèle couplé chimie-climat STOCHEM-HadAM3 montrent que l'effet de redistribution de l'ozone durant un épisode convectif est plus important que sa production in situ. Cela mène à une diminution de 13 % de l'ozone troposphérique global.

A l'inverse, d'autres modèles montrent quant à eux une augmentation des concentrations en ozone. Les simulations effectuées par Lawrence et al. (2003) utilisant un modèle global de chimie-transport (MATCH-MPIC) montrent une augmentation allant jusqu'à 12 % sur le bilan global d'ozone dans la troposphère après un épisode convectif. Cette augmentation est essentiellement expliquée par le transport convectif des précurseurs d'ozone que sont les COV et les NOx. Les écarts avec Doherty et al. (2005) s'expliqueraient par les différences entre les inventaires d'émissions de NOx et de COV avec lesquels les modèles sont initialisés (Doherty et al., 2005).

Finalement, les résultats des modèles démontrent l'influence du transport convectif des précurseurs d'ozone sur son bilan et montre la double action de la convection : une diminution localement et une augmentation en différé. Généralement, un bilan d'ozone positif est observé, à l'exception de quelques études. Ces différents constats montrent que les processus physico-chimiques qui contrôlent la variabilité des constituants atmosphériques, dont l'ozone aux tropiques, restent encore très incertains. Ces divergences sont essentiellement dues aux incertitudes sur les données utilisées dans la paramétrisation du modèle notamment les émissions, la convection et l'état de la redistribution des composés par la convection dans la haute troposphère. Pour combler ces manques, le recueil d'observations comme contraintes aux modèles se révèlent nécessaires dans ces régions du globe.

Plusieurs campagnes ont été menées durant ces dernières années dans les régions tropicales continentales et marines (Tableau I- 2) : Amazonie, Afrique, Atlantique tropical, Océan Indien. Ces expériences ont visé différents objectifs. Certaines ont visé la caractérisation des émissions biogéniques des écosystèmes forestiers et des feux de biomasses, très courants dans ces régions. Elles ont également visé une meilleure compréhension de la photochimie associée aux processus dynamiques de transport (Afrique et région amazonienne), notamment l'export des panaches de feux de biomasse depuis le continent africain vers l'Océan Atlantique et le continent sud-américain (TRACE-A ; DECAFE ; SAFARI ; ABLE 2A).

D'autres campagnes se sont intéressées à l'étude de la convection nuageuse profonde comme TROCCINOX et HIBISCUS au Brésil, UTHOPIAN en Europe, SCOUT-O_3 en Australie, INDOEX dans l'océan indien.

Les campagnes en Afrique de l'Ouest ont jusque-là exploré la basse et moyenne troposphère en relation avec les émissions et la photochimie : campagnes FOS/DECAFE (Lacaux et al., 1995) et TROPOZ (Jonquieres et al., 1998).

Récemment, un intérêt accru s'est porté sur la haute troposphère tropicale en Afrique de l'Ouest avec l'observation du paradoxe de l'ozone sur l'Atlantique Sud (Jenkins et Ryu, 2004). En effet, durant les saisons des feux en Afrique Centrale et du Sud (juin, juillet et août), les concentrations les plus élevées en ozone sont mesurées au-dessus du continent Africain, dans l'hémisphère Nord.

Tableau I- 2 : Campagnes de mesures dans les régions tropicales

Acronyme	Localisation et période	Référence
ABLE 2A	Forêt amazonienne, juillet – août 1985	Kesselmeier et al., 2000
TROPOZ I, II	Afrique de l'Ouest, 1987 et 1991	Jonquieres et al., 1998
DECAFE	Congo, Afrique centrale, février 1988	Fontan et al., 1992
FOS/DECAFE	Côte d'Ivoire, Afrique de l'Ouest, 1991	Lacaux et al., 1995
SAFARI-92	Afrique du Sud, septembre – octobre 1992	Lindesay et al., 1996
TRACE-A	Atlantique tropical – août 1992	Fishman et al., 1996
SAFARI-94	Afrique du Sud, mai 1994	Helas et al., 1995
EXPRESSO	Afrique centrale, novembre -décembre 1996	Delmas et al., 1999
GABRIEL	Surinam, 1998	Stickler et al., 2007
SHADOZ	Kenya, Afrique du Sud, Benin, depuis 1998	Thompson et al., 2003
TROCCINOX	Brésil, 2002 - 2005	Huntrieser et al., 2007 Mari et al., 2006

INDOEX	Océan indien – 1999	Mitra, 2004
SAFARI-2000	Zambie, août – septembre 1999, 2000	Swap et al., 2003
MOZAIC	Mesures sur les avions de ligne desservant les villes africaines (1997-2004)	Marenco et al., 1998
HIBISCUS	Brésil, février – mars 2004	Pommereau et al., 2007
AMMA	Afrique de l'Ouest, depuis 2004	Redelsperger et al., 2006

Ainsi, de grandes incertitudes demeurent encore sur la distribution des composés clés troposphériques au niveau des tropiques, en particulier l'ozone et ses précurseurs comme les COV, le CO et les NOx, mais aussi d'autres oxydants comme les radicaux ou encore les aérosols. Ceci est particulièrement avéré en Afrique de l'Ouest. Les concentrations d'ozone en particulier sont élevées et, comme nous l'avons montré au paragraphe 2.2.2, ces dernières sont mal reproduites par les modèles globaux de chimie-transport (Lelieveld et Crutzen, 1994 ; Martin et al., 2002 ; Lawrence et al., 2003 ; Doherty et al., 2005).

2.3. Particularité de l'Afrique de l'Ouest

Au-delà de concentrations élevées en ozone (cf. section 2.2.), le développement de processus dynamiques sporadiques et violents et en particulier les systèmes convectifs de méso-échelle (MCS : Mesoscale Convective System) a lieu fréquemment en Afrique de l'Ouest en saison de mousson (Figure I- 13), (Laing et Fritsch, 1993 ; Mohr et Zipser, 1996 ; Houze, 2004 ; Zipser et al., 2006). Les masses d'air présentes près de la surface sont susceptibles alors d'être transportées loin des zones sources, dans la troposphère libre et sur de longues distances. Ce processus est d'autant plus important que l'Afrique de l'Ouest est une région où des sources majeures d'espèces précurseurs d'ozone sont présentes (Hao et al., 1996 ; Saxton et al., 2007 ; Delon et al., 2008 ; Stewart et al., 2008).

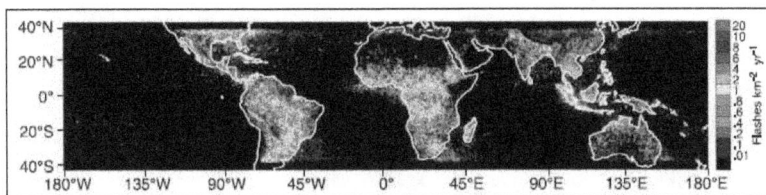

Figure I-13 : Distribution globale annuelle des MCS à partir des éclairs pour les mois de juin, juillet et août (Houze, 2004).

Cela mène au transport de masses d'air chargées en composés réactifs dans des zones éloignées et propres (ex. la haute troposphère). Ces émissions locales de précurseurs ont donc un impact sur la composition chimique de l'atmosphère à moyenne et grande échelle et vont avoir une implication sur le climat à l'échelle globale. Les processus physico-chimiques en AO présentent une grande interaction avec la chimie troposphérique. Pour cela, l'Afrique de l'Ouest est une région très appropriée pour étudier l'impact de la convection nuageuse profonde et des MCS sur la photochimie des masses et leur contribution au bilan d'ozone.

2.3.1. Couverture de surface

Les conditions de surface jouent un rôle important dans la chimie atmosphérique et le cycle de mousson en AO au travers de la végétation (Zheng et Eltahir, 1998) et de l'activité anthropique qui apportent dans la troposphère de larges quantités d'aérosols et de polluants gazeux.La couverture de surface dans la région a subi des modifications majeures durant les cinquante dernières années (Fairhead et Leach, 1998). La déforestation et l'urbanisation se font massivement. Les déserts et les terres arables cultivées gagnent en superficie au détriment de la couverture végétale naturelle. Cela est un des acteurs majeurs causant le dérèglement climatique en Afrique de l'Ouest (Redelsperger et al., 2002a ; Wright et Muller-Landau, 2006 ; Redelsperger et al., 2006). La région offre différents types de couverture de surface, organisés en trois bandes zonales intimement liées aux

45

précipitations (Figure I- 14). Elle présente un gradient Nord-Sud très marqué et varie de la zone Sahélienne à la forêt tropicale en passant par la savane.

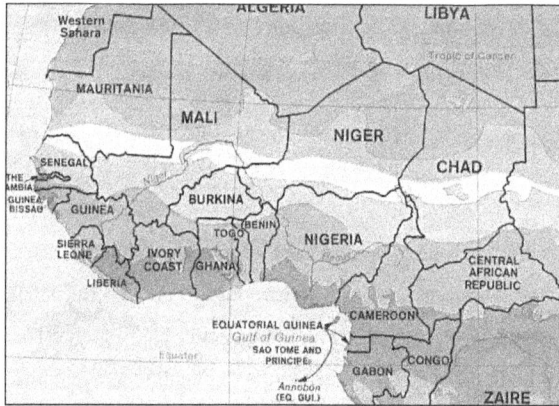

Figure I- 14 : Carte de la couverture végétale naturelle en AO allant du désert (orange) à la forêt tropicale (vert foncé) en passant par la steppe (jaune) et la savane (vert clair)

La région sahélienne, très sèche, s'étend au-delà de 12°N de latitude. Cette zone est constituée de sols dénudés, la couverture végétale étant pratiquement inexistante. Les principales émissions se limitent aux émissions de NOx par les sols (Stewart et al., 2008). En dessous de ces latitudes, la couverture végétale se densifie allant de la savane à la forêt tropicale (< 7°N).

La savane en AO se situe aux latitudes entre 12°N et 7°N. Les interactions entre cet écosystème et l'atmosphère sont importantes. Les types des émissions et leurs intensités vont dépendre du type de végétation et de sa densité. La forêt tropicale s'étend sur la zone à partir de 7°N et va jusqu'au Golfe de Guinée. La végétation de la forêt tropicale est très hétérogène. Les masses d'air circulant au-dessus de la forêt vont s'enrichir en hydrocarbures naturels, majoritairement en isoprène et terpènes. De ce fait, les masses d'air contiennent un ensemble d'espèces favorables à la production d'ozone. Toutefois, le dépôt sec est très élevé surtout au-dessus de la forêt (Matsuda et al., 2005). La forêt se présenterait alors comme un puits d'ozone par dépôt au sol et sur la végétation.

2.3.2. Emissions

En Afrique de l'Ouest, les émissions peuvent avoir une origine aussi bien naturelle qu'anthropique. Les poussières désertiques tiennent un rôle important dans la région, le désert saharien étant une source considérable de particules et d'aérosols qui ont un impact avéré sur le bilan radiatif de l'atmosphère (Ginoux et al., 2001 ; Laurent et al., 2008). Il faut aussi mettre en exergue que les feux de biomasses présentent les émissions les plus importantes de la région.

i. Emissions naturelles

La part des émissions biogéniques est considérable dans les régions tropicales et elle affecte significativement la composition de la troposphère dans ces régions-là (ex. Aghedo et al., 2007). Leurs sources majeures sont les émissions de surface émanant des sols et de la végétation. Par ailleurs, les éclairs et les combustions de biomasse sont aussi des sources très fortes dans la région. En période de mousson ce sont principalement les émissions de surface et les éclairs qui dominent. Les émissions sont essentiellement composées d'isoprène (Saxton et al., 2007) et de NOx (Delon et al., 2008). D'après les simulations effectuées par un modèle global 3D de chimie-transport (Williams et al., 2009), les émissions de NO par les sols sont responsables de 2 à 45 % de l'ozone dans la troposphère en Afrique ainsi que de 10 % de l'ozone dans la haute troposphère. Les sources de COV biogéniques (C1 à C3) représentent 2 à 4 % de bilan global de COV et influencent significativement le contenu en composés organiques dans la région.

ii. Emissions anthropiques

Les émissions anthropiques, quoique moins importantes que les biogéniques, croissent considérablement avec le développement urbain. Les émissions anthropiques sont concentrées autour des sites urbains et industriels qui sont encore peu nombreux en AO et se limitent à quelques villes. Par contre, les sources urbaines de pollution sont intenses mais encore insuffisamment documentées (Liousse et al., 2009 ; Ancellet et al., 2008 (personal communication)). Les émissions émanant des villes, surtout côtières comme Cotonou (6.3°N, 2.4°E) au Benin ou Lagos (6,35°N, 3,02°E) au Nigéria ne sont pas négligeables. Niamey (13.5°N, 2.1°E) la capitale du Niger est aussi une source significative de composés gazeux essentiellement émis par le trafic et les foyers domestiques. Puisque les réglementations sur les émissions ne sont pas encore établies dans les villes de la région, la pollution urbaine est très importante et d'énormes quantités de CO, NOx et COV sont ainsi relarguées dans l'atmosphère.

iii. Feux de biomasses

Les feux de biomasses désignent principalement les feux de végétation. Il ne s'agit pas uniquement de processus naturels, ils peuvent aussi provenir des activités humaines et agricoles par les feux domestiques utilisant le bois comme combustible. Pourtant, la majorité des feux de biomasses sont des feux de savane, les feux issus de l'activité humaine étant les moins importants.

La part la plus importante des émissions en Afrique est réservée aux feux de biomasse (Hao et al., 1996). Ils sont considérés comme la source principale de pollution atmosphérique de la région (Marufu et al., 2000). Avec l'Amérique du sud et le sud de l'Asie, l'Afrique est une des régions sources les plus intenses.

La distribution des feux suit un cycle saisonnier sur le continent africain et diffère d'une région à l'autre avec un maximum marqué au milieu de la saison sèche dans les deux hémisphères.

Les émissions émanant des feux vont dépendre du type de végétation brulée et de l'avancement de la réaction de combustion. Les composés émis sont essentiellement du CO_2, du CO, des suies et des COV (comme les HCNM ou le formaldéhyde). Les émissions associées aux feux vont aussi engendrer d'importantes concentrations d'aérosols (Hao et al., 1996 ; Swap et al., 2003 ; Karl et al., 2007 ; Yokelson et al., 2008).

Les impacts et les conséquences de ces émissions sont connus mais pas encore bien quantifiées tel que l'impact sur le bilan radiatif ou l'augmentation des gaz à effet de serre. Les fortes concentrations en COV et NOx amenées dans l'atmosphère et soumises à un intense rayonnement solaire entrainent une photochimie très active et des niveaux d'ozone qui atteignent des maxima au niveau des tropiques. Diverses campagnes et études telles que TRACE A (Pickering et al., 1996) ou EXPRESSO (Delmas et al., 1999) ont mis en évidence que des maxima en ozone rencontrés même loin des zones de feux, au-dessus de l'océan Atlantique par exemple, étaient dus aux processus de combustion de biomasses se produisant en Afrique et en Amérique du Sud et transportés sur de longues distances (Fishman et al., 1996 ; Singh et al., 1996). Durant la saison humide dans l'hémisphère nord, l'Afrique de l'Ouest reçoit des panaches de feux de biomasses émanant d'Afrique centrale dans l'hémisphère sud (Mari et al., 2008 ; Ancellet et al., 2009). L'impact des feux ne se limite donc pas à l'échelle locale mais s'étend à l'échelle globale.

2.3.3. Le climat tropical
2.3.3.1. Circulation atmosphérique en Afrique de l'Ouest

Le cœur de la circulation atmosphérique générale se situe aux latitudes tropicales puisque ces régions reçoivent le rayonnement solaire le plus intense. Dans les régions tropicales et en particulier en Afrique de l'Ouest, la circulation des masses d'air est gouvernée par la convergence de deux grandes masses d'air (Figure I-15) :

o Dans l'hémisphère Nord, l'anticyclone nord-africain des Açores donne naissance aux alizés de nord-est appelés flux d'Harmattan. Il s'agit d'un vent continental, chaud et sec, suite à son passage sur les régions sahéliennes.

o Dans l'hémisphère Sud, l'anticyclone de l'atlantique-Sud de Sainte-Hélène donne naissance aux alizés du sud-est ou flux de mousson. C'est un vent plus humide et plus froid que l'Harmattan, résultat de son passage au-dessus de l'océan atlantique.

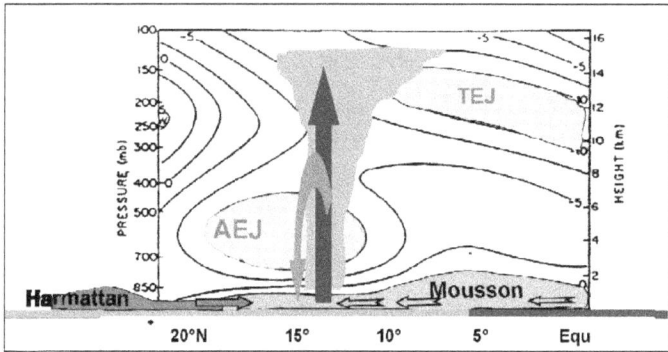

Figure I- 15 : Coupe verticale méridienne des vents zonaux au niveau de la ZCIT (adaptée de Reed et al., 1977)

Ces courants venus des deux hémisphères convergent au niveau de la ZCIT située au voisinage de l'équateur et qui sépare les vents du Sud des vents du Nord. La ZCIT constitue le point de rencontre des deux flux et forme un front appelé Front Inter Tropical (FIT) (Redelsperger et al., 2002b). Le déplacement en latitude de la ZCIT gouverne l'alternance des saisons et détermine les régimes de pluie. Ce déplacement est lié au positionnement du soleil au zénith. En Afrique, la ZCIT se déplace entre 5°N en janvier et 20°N en août. Le mois de janvier se situe au milieu de la saison sèche dans l'hémisphère nord où les pluies se font rares et l'activité convective réduite. Le mois d'août est au cœur de la saison humide dans l'hémisphère nord durant laquelle les précipitations atteignent leur maximum et l'activité convective est la plus intense. En effet, la vapeur d'eau est une des sources principales d'énergie pour la convection. Sa condensation permet la réalisation de la convection profonde et la formation des nuages aux latitudes tropicales.

Aux altitudes plus élevées, deux principaux courants gouvernent la circulation atmosphérique durant cette saison : le Jet d'Est Africain (AEJ) et le Jet d'Est Tropical (TEJ). L'AEJ est un vent d'Est situé dans la moyenne troposphère vers 4 - 6 km d'altitude ayant une intensité moyenne de 8 m.s^{-1}. Le TEJ est situé à une altitude plus élevée (vers 12 - 13 km) et présente une vitesse moyenne de 15 à 20 m.s^{-1}.

2.3.3.2. La saison humide ou saison de mousson

« Mousson » vient du mot arabe « mawsim » et signifie « saison ». En météorologie, le système de mousson est généralement décrit comme un changement de direction des vents de surface au passage de l'équateur. La mousson est une circulation d'origine thermique due à la différence de températures entre les surfaces continentale et marine en Afrique de l'Ouest. La mousson caractérise la saison des pluies.

En Afrique de l'Ouest, elle s'étend de juin à septembre. La circulation de la mousson est gouvernée par les deux courants que sont le Harmattan et le flux de mousson. Leur convergence au niveau de la ZCIT produit une large zone convective de nuages. LA ZCIT est une région où les cumulonimbus sont très fréquents dû à la forte humidité et au réchauffement intense des sols aux niveaux des tropiques. C'est dans cette zone qu'apparaissent durant la saison de mousson les nuages convectifs à grand développement vertical connu sous le nom de systèmes convectifs de méso-échelle (MCS).

La mousson est caractérisée par ces systèmes pluvieux qui peuvent être isolés, organisés en amas ou structurés en lignes appelés « lignes de grains » et qui se propagent rapidement d'est en ouest en donnant lieu à des pluies violentes (Figure I- 16). Les lignes de grain peuvent s'étendre sur plusieurs centaines de kilomètres avec une zone très active en courants ascendants et en pluie.

Figure I- 16 : Arrivée d'un système convectif à Goufou au Mali en août 2006
© CNRS Photothèque

2.3.3.3. La convection nuageuse profonde

La convection atmosphérique consiste en des mouvements organisés dans une couche d'air entraînant à la fois des transferts verticaux de chaleur et de quantité de mouvement mais aussi d'espèces gazeuses et particulaires. Elle est caractérisée par de forts mouvements ascendants de diverses amplitudes. Elle est l'un des rares processus atmosphériques assurant un transport vertical efficace et rapide des masses d'air chargées en polluants depuis la surface. Elle est un acteur majeur dans la météorologie planétaire puisqu'elle est au cœur des processus de turbulence atmosphérique comme la formation des nuages convectifs, des cyclones, des lignes de grains, etc.

Un système convectif de méso-échelle (MCS) est un ensemble de nuages qui se répartissent en ligne ou en zones, pour former des entités qui peuvent occuper plusieurs dizaines voire centaines de kilomètres. Ces systèmes météorologiques sont souvent associés avec des orages intenses accompagnés de vents violents atteignant 90 km.h^{-1}. La durée de vie des nuages convectifs dépend de leur degré d'organisation et peut aller de l'heure, pour une cellule isolée, à plusieurs jours pour des cellules organisées en ligne de grain (typique en Afrique de l'Ouest). Même avec une durée de vie limitée, ces phénomènes affectent de larges zones à cause de leur déplacement rapide. Ces systèmes sont caractérisés par une grande vitesse de propagation allant jusqu'à 10 à 15 m.s^{-1}.

Le développement de systèmes convectifs dépend du profil vertical de température, de la température de surface et de l'humidité disponible. Les nuages convectifs peuvent être des cumulus, lors de convection de moyenne intensité, ou des cumulonimbus quand la convection est plus importante. Les cumulonimbus arrivent jusqu'à la haute troposphère et peuvent atteindre jusqu'à 17 km d'altitude.

L'organisation des MCS comprend plusieurs types de courants ascendants et descendants, avec une structure thermodynamique complexe (Figure I- 17) liée à la nature de la convection (marine, continentale…). Les nuages convectifs se forment dans une masse d'air instable où la température et l'humidité des basses couches sont supérieures à ce qu'on retrouve en altitude. Dans ces conditions la parcelle d'air sera soulevée vers le haut. Elle emporte avec elle de l'humidité qui se condense, à mesure que la température de la parcelle diminue avec l'altitude, pour former un nuage à forte extension verticale.

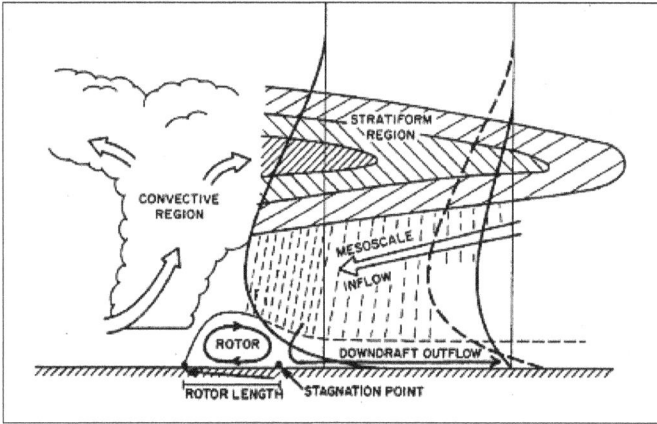

Figure I- 17 : Schéma d'un système convectif de méso-échelle d'après Lafore et Moncrieff, (1989)

Les MCS bien organisés sont structurés en courants ascendants à l'avant du système avec une intensité de l'ordre de 5 à 25 m.s^{-1}. Juste derrière cette partie convective, se trouve les courants descendants, ou subsidences, plus faibles et diffus. Ils constituent les précipitations et sont alimentés par évaporation de l'air plus froid et plus sec provenant des niveaux moyens de la troposphère. Ils peuvent atteindre des vitesses de 5 m.s^{-1} (Figure I- 18) (Redelsperger et Lafore, 1988 ; Lafore et Moncrieff, 1989 ; Houze, 2004).

Les MCS peuvent se développer un peu partout à travers le monde (Mohr et Zipser, 1996). Aux moyennes latitudes comme sur les tropiques, le développement de MCS est tributaire de la disponibilité d'humidité et de températures élevées. L'intensité de la convection n'est cependant pas la même dans toutes les régions. Les régions tropicales sont particulièrement propices au développement de MCS.

Dans les tropiques, la ZCIT associée à la mousson déclenche la formation de tels systèmes. Les MCS sont en général un phénomène de saison chaude et humide car c'est le moment de l'année où le réchauffement du soleil et l'humidité disponible sont maximaux.

Les phénomènes convectifs exercent une rétroaction à grande échelle sur la dynamique de la mousson africaine puisqu'ils modifient les gradients horizontaux de température et d'énergie. Ces gradients déterminent en retour l'intensité de la circulation de la mousson.

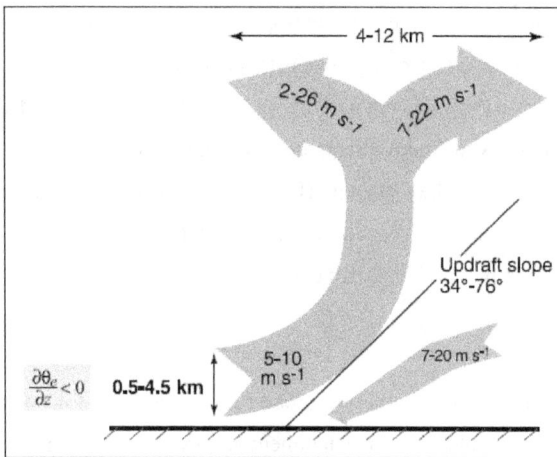

Figure I- 18 : Schéma des courants d'air, des dimensions et des vitesses de vents dans un MCS (Houze, 2004)

2.4. Chimie et convection nuageuse profonde : un couplage avéré mais complexe

En temps normal, les composés émis près de la surface restent dans la basse troposphère, et participent à la chimie et la photochimie de la CLA. Les processus dynamiques dans la basse troposphère étant de force modérée, le temps de transport vertical de mélange des masses d'air dans la CLA est de l'ordre de quelques heures. Les composés les plus réactifs sont donc détruits avant d'atteindre les hautes couches.

Cependant, quand soumises à des processus physiques et dynamiques comme la convection nuageuse profonde, les masses d'air vont subir des mouvements ascendants très forts. Ceux-ci sont très efficaces pour les transporter rapidement (en quelques heures) depuis la surface vers la haute troposphère où elles vont être injectées chargées d'espèces encore réactives au niveau de l'enclume du système convectif (Dickerson et al., 1987 ; Thompson et al., 1997 ; Jonquieres et Marenco, 1998 ; Ridley, 2004). Les composés émis près de la surface peuvent, dans ces conditions, atteindre la haute troposphère en quelques minutes. Compte tenu des conditions physico-chimiques (température, pression…) dans la haute troposphère, ces composés vont perdurer plus longtemps (Poisson et al., 2000) et être introduits dans les mouvements de circulation générale. Ils peuvent alors être transportés à l'échelle planétaire (Ridley et al., 2004). Ces composés réactifs généralement précurseurs d'ozone à l'échelle locale peuvent donc aussi être impliqués dans la production d'ozone dans la haute troposphère.

3. Conclusions

A l'issu de cette première partie, les processus clé gouvernant la composition de l'atmosphère troposphérique et notamment sa physico-chimie dans les régions tropicales ont été d'abord présentés. La problématique des régions tropicales et de l'Afrique de l'Ouest en particulier a ensuite été exposée. Il apparaît que ces régions du globe sont particulièrement sensibles et jouent un rôle clé dans le système climatique. Elles sont le siège d'émissions intenses de composés gazeux à la fois anthropiques et biogéniques. D'un point de vue chimique, elles sont aussi le siège d'une photochimie intense due au rayonnement UV reçu aux tropiques. Enfin, d'un point de vue dynamique, elles sont le siège du développement de systèmes convectifs intenses. Les émissions de composés gazeux en Afrique de l'Ouest influencent fortement la chimie et la capacité oxydante atmosphérique. Cette influence est d'autant plus importante quand les processus dynamiques y sont couplés et assurent le transfert de cet impact depuis l'échelle locale à l'échelle globale. Ainsi, nous avons montré que cette région est le siège d'un couplage complexe entre les processus chimiques et de transport. Mais ce couplage est aujourd'hui mal appréhendé, faute d'observations dans cette région du globe.

Dans ce cadre, ce travail de thèse a pour but de caractériser et d'évaluer l'impact de la convection nuageuse profonde sur la chimie photooxydante en Afrique de l'Ouest et en particulier pour les Composés Organiques Volatils (COV), précurseurs gazeux de l'ozone. Il se base sur les nouvelles observations recueillies au cours d'une campagne de mesure aéroportée à bord des deux avions de recherches français l'ATR-42 et le Falcon-20 dans le cadre du programme international AMMA (Analyse Multidisciplinaire de la Mousson Africaine) en Afrique de l'Ouest. La stratégie expérimentale est présentée dans la partie II, en particulier la nouvelle instrumentation de mesure aéroportée des COV. Les résultats seront exposés dans la partie III. Ils rassemblent :

o la caractérisation de la distribution horizontale et verticale des composés gazeux traces sur le domaine d'étude et en particulier celle des hydrocarbures non-méthaniques (HCNM), jusque-là non renseignée

o la caractérisation de l'impact de la convection nuageuse profonde sur la chimie photooxydante de la haute troposphère

o l'évaluation de l'impact de la convection nuageuse profonde sur la production d'ozone dans la haute troposphère.

Cette 2ème partie présente la stratégie expérimentale mise en œuvre pour répondre aux objectifs de la thèse. Cette dernière s'inscrit dans le programme AMMA qui constitue le cadre général de ces travaux.

La section 1 décrit le domaine d'étude, les périodes d'observations et les moyens déployés. Notre stratégie repose sur une campagne de mesure aéroportée qui a eu lieu pendant la période d'observation spéciale (SOP 2a2) du programme de l'été 2006 au maximum de la mousson en Afrique de l'Ouest. Dans cette section la stratégie d'échantillonnage, les plans de vols et les deux nouvelles plateformes instrumentées pour la mesure de la fraction gazeuse à bord des avions français (ATR-42 et Falcon 20) sont exposés. En particulier, nous avons développé et déployé une nouvelle instrumentation pour la mesure aéroportée des COV, jusque-là inexistante. Cette nouvelle instrumentation consiste en un préleveur AMOVOC couplé à différents systèmes chromatographiques au laboratoire. La section 2 fait état des enjeux de son développement et présente la mise au point de la mesure des Hydrocarbures Non Méthaniques (HCNM). Ce travail a fait l'objet d'une publication dans Analytical and Bioanalytical Chemistry intitulée « New off-line aircraft instrumentation for non-methane hydrocarbon measurements ».

1. Le programme AMMA en Afrique de l'Ouest

1.1. Objectifs

Le programme AMMA (Analyses Multidisciplinaires de la Mousson Africaine) est un projet international dont l'objectif principal est d'améliorer les connaissances et la compréhension de la mousson, de sa variabilité et de ses impacts sur les conditions de vie en l'Afrique de l'Ouest (Redelsperger et al., 2002a ; Redelsperger et al., 2006).

L'Afrique de l'Ouest et en particulier la mousson jouent un rôle important sur le système climatique de notre planète et son évolution, l'Afrique tropicale étant l'une des régions du globe recevant la plus grande quantité de rayonnement solaire et une zone source principale de composés gazeux (cf. section I-2).

Le « dérèglement » de la mousson africaine ces dernières années conduit à une irrégularité croissante des régimes de précipitations et rend les conditions de vie plus difficile dans la région en nuisant à l'agriculture et amenant sécheresses et famines. Cela complique aussi les prévisions météorologiques et les prévisibilités sur la région (Redelsperger et al., 2006). La zone sahélienne est la région au monde qui a connu la plus forte diminution des précipitations sur les 50 dernières années (Figure II- 1). La région a été marquée par des épisodes de sécheresse extrêmes, dont les conséquences sur les sociétés ont été dramatiques (Folland et al., 1986).

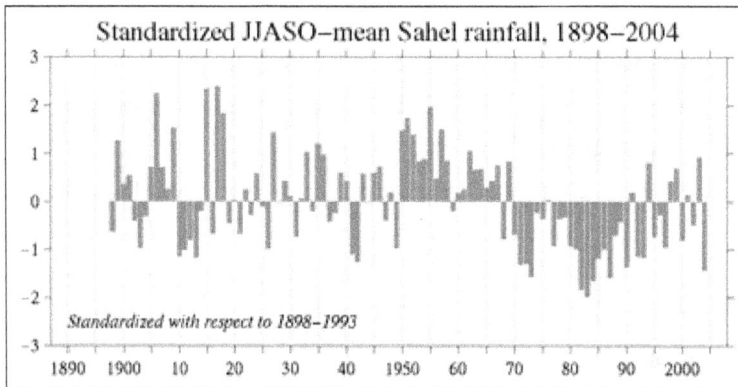

Figure II- 1 : Série temporelle standardisée d'anomalie de pluie sur le Sahel de 1898 à 2004

Les objectifs scientifiques de AMMA touchent plusieurs domaines d'étude. Ils incluent d'une part les processus physiques reliant les surfaces continentales et l'atmosphère (pluies, évapotranspiration, et transport chimique). D'autre part, ils visent à comprendre chaque composante du système de manière à mieux appréhender leurs interactions. Ces composantes couvrent :

o la dynamique de la mousson qui vise l'étude des différents types de systèmes convectifs, leurs cycles de vie et les rétroactions possibles entre ces systèmes et les conditions de surface

o le cycle de l'eau pour étudier le forçage pluviométrique et effectuer le bilan hydrique sur la région

o les conditions de surface terrestre et océanique pour produire des indices de végétation et des cartes d'humidité, déterminer l'évolution de la biomasse, du couvert végétal et la variabilité de la circulation océanique dans le Golfe de Guinée

o la chimie atmosphérique pour établir l'inventaire des émissions d'espèces chimiques clé dans la région, quantifier le rôle des éclairs dans la production des NOx, suivre l'évolution de la composition chimique des gaz traces et des aérosols dans les masses d'air entrant et sortant des systèmes convectifs, établir les liens entre chimie et physique pour déterminer l'impact radiatif et le budget de l'ozone et des radicaux à l'échelle régionale

o le couplage observations-modèles sur plusieurs échelles pour une meilleure compréhension des processus impliqués dans la dynamique de la mousson africaine.

1.2. Périodes d'observations

Le programme AMMA a démarré en 2004 et doit durer jusqu'à 2010. Il comprend plusieurs périodes d'observations de façon à prendre en compte la variabilité interannuelle et la variabilité inter-saisonnière du climat en Afrique de l'Ouest (Figure II- 2).

Ces trois périodes d'observation sont :

o la période d'observation longue LOP (Long term Observation Period, 2001-2010) qui vise à documenter et étudier la variabilité interannuelle de la mousson en effectuant des observations sur plusieurs années

o la période d'observation renforcée EOP (Enhanced Observation Period, 2005-2007) vise une étude détaillée des conditions de surface et des paramètres atmosphériques sur un cycle annuel dans le but de documenter le cycle saisonnier de la mousson aux échelles convectives à synoptiques

o la période d'observation spéciale SOP (Special Observation Period, 2006) est destinée à l'observation détaillée des différentes phases de la mousson: la phase sèche (SOP 0) de novembre à février ; le saut de mousson (SOP 1) fin juin ; la phase de la mousson (SOP 2) de fin juin jusqu'à mi-septembre ; une période favorable à la formation de cyclones au-dessus de l'Atlantique (SOP 3) de mi-août à mi-octobre.

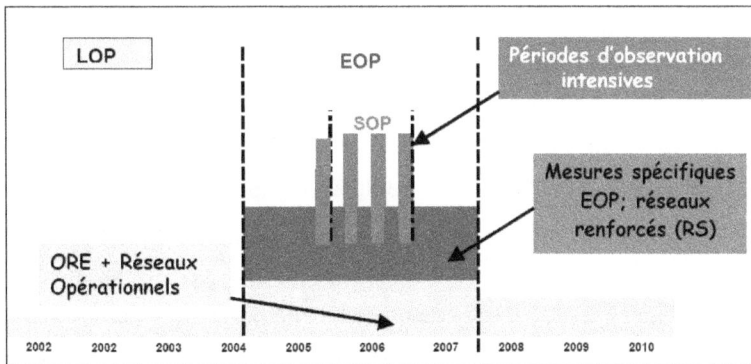

Figure II- 2 : Les différentes périodes d'observations du projet AMMA (Redelsperger et al., 2002a)

1.3. Domaine d'étude

Durant les différentes périodes d'observations, des sites instrumentés ont été implémentés pour assurer les observations sur tout le domaine et à plusieurs échelles :

o A l'échelle régionale, le renforcement des sites de mesures et des réseaux opérationnels sur le continent (réseau de radiosondages,…) a été effectué. Ce renforcement inclut les mesures océaniques, la mise en place d'un transect sahélien allant de l'Atlantique Est au centre du Sahel à Niamey en passant par Dakar et Bamako

o Les études de méso-échelle sont concentrées sur trois sites d'observations densifiées du cycle hydrologique, de la végétation et des flux de surface (Gourma Malien, Kori de Dantiandou dans le Sud-Ouest Nigérien ; haut bassin de l'Ouémé au Bénin)

o L'échelle convective/locale est l'échelle des super-sites (100 à 1000 km²) ou de sites intensifs locaux localisés à l'intérieur des sites de méso-échelle.

1.4. Stratégie de mesure

Le caractère multi-échelle de l'étude a conduit à définir une stratégie d'observation reposant sur l'imbrication des domaines et des périodes d'observation et sur l'utilisation de différentes plateformes instrumentées (bateaux, sites au sol, ballons, moyens aéroportés, satellites). Des réseaux denses d'observations ont été déployés durant les différentes périodes pour mieux comprendre les interactions entre atmosphère, biosphère et hydrosphère, les trois piliers de la mousson africaine (Figure II- 3). Cette stratégie permet de documenter l'ensemble des échelles mises en jeu pour assurer la meilleure couverture temporelle et spatiale du domaine. Par exemple, les moyens aéroportés fournissent des cas d'étude très finement documentés sur des zones assez vastes, tandis que les observations sol permettent un suivi local mais continu temporellement.

1.4.1. Mesures au sol

Les mesures au sol sont organisées en réseaux à couverture régionale et en sites densément instrumentés. Ils sont localisés sur une bande méridionale et une bande zonale centrées sur Niamey au Niger. Les sites au sol assurent les mesures de variables météorologiques, chimiques et hydrologiques telles les mesures de flux, les mesures de dépôts secs et humides et les mesures des aérosols.

Des « super sites » au sol ont aussi été instrumentés à Djougou au Benin, à Banizoumbou au Niger et à Tamanrasset en Algérie. Ils permettent une étude approfondie des différentes composantes du domaine d'étude et leur interaction (ZCIT, flux de mousson, flux d'Harmattan, végétation et fronts).

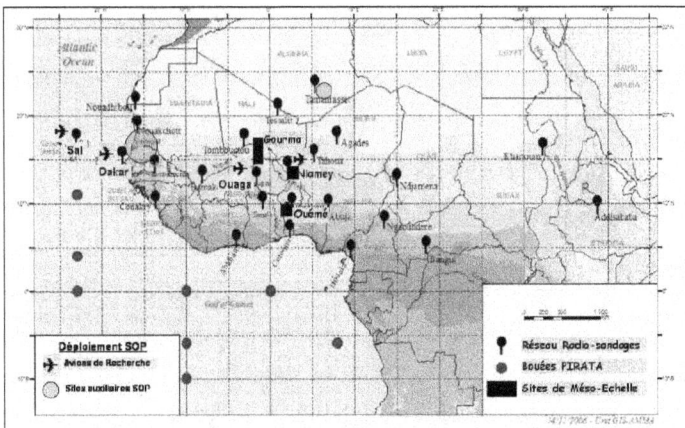

Figure II- 3 : Vue générale de la région couverte par les campagnes de mesure AMMA sur les différentes périodes d'observation.

1.4.2. Mesures aéroportées

Les mesures aéroportées permettent une bonne description spatiale, aussi bien horizontale que verticale et, ceci sur des échelles allant de 100 à plusieurs milliers de kilomètres. Cinq avions français, russes, anglais et allemands ont été mobilisés durant la campagne AMMA. Il s'agit du Géophysica M55, des deux Falcon allemand et français le D-F20 et le F-F20, du BAE 146 et de l'ATR-42. Ces avions ont été choisis en fonction de leurs performances (altitude de vol et vitesse de vol), différentes et complémentaires, en permettant d'explorer l'atmosphère depuis la couche limite de surface jusqu'aux premières couches de la stratosphère. Le couplage de ces informations permet d'avoir une description in situ 3D détaillée dans toutes les gammes d'altitudes. L'instrumentation aéroportée installée à bord des avions varie d'une période d'observation à une autre en fonction des objectifs.

1.5. Période d'observation spéciale SOP 2a2

Durant la phase de mousson (SOP 2), une campagne de mesure a eu lieu en août 2006. La SOP 2 vise l'étude de la mousson durant la période de son intensité maximale. Durant cette période, l'occurrence de systèmes convectifs de méso-échelle est la plus fréquente en Afrique de l'Ouest et la convection nuageuse profonde est très intense (cf. section I-2.3 et Figure I- 14) (Laing et Fritsch, 1993 ; Mohr et Zipser, 1996 ; Houze, 2004). La partie « a2 » de la SOP 2 (SOP 2a2) répond à des besoins bien définis pour traiter trois composantes clés du système de mousson : dynamique, chimie et aérosols. La SOP 2a2 s'est déroulée du 25 juillet au 21 août 2006. Le domaine d'étude s'étend de la région sahélienne au nord de Niamey (15°N) et va jusqu'au golfe de Guinée au sud du Benin (5°N) en passant par la forêt tropicale. Tous les détails de la campagne sont décrits dans l'article de Reeves et al. (2009). Le suivi des systèmes

convectifs par images satellites est disponible sur le site du projet:
http://aoc.amma-international.org/

1.5.1. Objectifs

Pour la composante « chimie », en particulier en phase gazeuse, les grandes
questions visent l'étude de la composition chimique de la troposphère tropicale
en relation avec les facteurs gouvernant sa variabilité et les échelles spatio-
temporelles associées : émissions, transport à longue distance et convection
nuageuse profonde. En particulier, la question de la modification par la
convection nuageuse profonde de l'équilibre chimique de la haute troposphère
est au cœur de ce travail de thèse. L'ensemble des observations recueillies
durant AMMA permettra de mieux contraindre les modèles, d'en évaluer la
pertinence et leur capacité à reproduire les observations, notamment le budget de
l'ozone.

1.5.2. Stratégie

Afin de caractériser et d'évaluer l'impact de la convection nuageuse profonde
sur la chimie photooxydante, il est avant tout nécessaire de : (1) déterminer la
composition chimique des masses d'air pour les espèces photooxydantes
d'intérêt impliquées dans le cycle de formation de l'ozone ; (2) déterminer la
redistribution de ces mêmes espèces par la convection nuageuse profonde.

Les mesures de la fraction gazeuse concernent les composés précurseurs (COV
primaires, CO, NOx) et leurs produits secondaires (dont le formaldéhyde et
ozone).

L'accès à la distribution verticale des composés gazeux est rendue possible par
les mesures aéroportées qui permettront d'explorer toute la colonne
troposphérique. L'exploration simultanée de la couche de surface et de la
troposphère libre est opérée par les deux avions de recherche français l'ATR-42

et le Falcon-20 dont les gammes d'altitude de vol sont complémentaires (jusqu'à 6 km d'altitude pour l'ATR-42 et 12 km pour le F-F20).

La stratégie d'observation consiste à suivre l'évolution des masses d'air d'une part dans le temps, avant et après le passage de MCS, et, d'autre part, dans l'espace entre la surface et 12 km d'altitude. Cette stratégie permet d'évaluer la modification de la composition chimique des masses d'air par la convection nuageuse profonde en distinguant des situations de fond et perturbées, en particulier dans la troposphère libre. La stratégie d'observation adoptée pour l'ATR-42 et le F-F20 est illustrée sur la Figure II- 4.

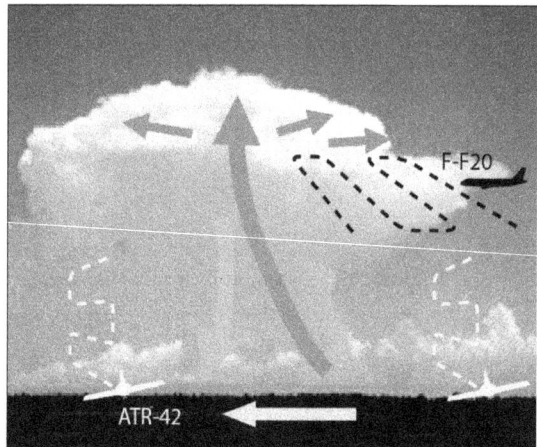

Figure II- 4 : Stratégie d'observation de l'ATR-42 et du F-F20 autour d'un MCS

1.5.3. Plans de vol

Différents plans de vols ont été établis pour répondre au mieux aux questions scientifiques de la SOP 2a2 et en particulier celles au cœur de ce travail. Au total, l'ATR-42 a effectué 18 vols et le F-F20 en a fait 10. Ces deux avions étaient basés à l'aéroport militaire de Niamey au Niger.

1.5.3.2. L'ATR-42

Figure II- 5 : L'ATR-42 dans le hangar de l'aéroport militaire de Niamey

Les objectifs des vols de l'ATR-42 sont la détermination de la composition chimique de la basse troposphère jusqu'à 6 km d'altitude, des échanges turbulents et de l'impact du passage des MCS. Les missions consistent essentiellement en des vols pré- et post-MCS autour de Niamey. Différents plans de vols ont été établis et sont représentés sur la Figure II- 6 :

o Plan de vol sur un axe Nord-Sud d'environ 100 km (Figure II- 6 (a)) : il permet une exploration verticale en réalisant en moyenne 6 paliers à des altitudes différentes. C'est le cas des vols AV46, AV50, AV51, AV52, AV53, AV54, AV56 et AV57.

o Plan de vol en ligne droite à altitude constante (Figure II- 6 (b)) dédié à l'exploration du gradient de surface Nord-Sud du domaine. C'est le cas des vols AV44, AV45, AV47, AV48 et AV49.

o Plan de vol rectangulaire (Figure II- 6 (c)) permettant une importante exploration horizontale dans les basses couches de l'atmosphère et une exploration verticale sur quelques paliers. C'est le cas des vols AV41, AV42 et AV58.

o Plan de vol en croix avec un axe Nord-Sud et un axe Est-Ouest d'environ 60 km (Figure II- 6 (d)) permettant à la fois une exploration horizontale et verticale sur plusieurs paliers à différentes altitudes. C'est le cas du vol AV43.

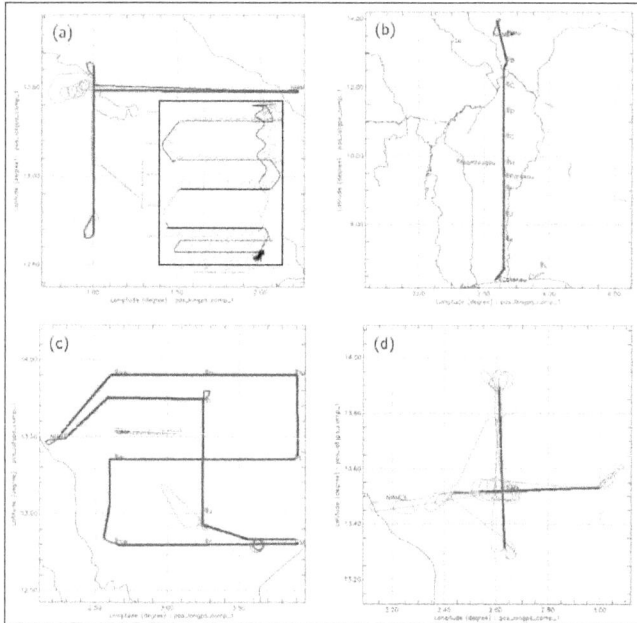

Figure II- 6 : Plans de vol de l'ATR-42 pendant la SOP 2a2

1.5.3.2. Le Falcon - F20

Les vols du F-F20 sont dédiés à l'exploration de la troposphère libre entre 6 et 12 km d'altitude. Les vols visent deux objectifs. Le premier est l'exploration des MCS. Le deuxième est l'étude du transport à longue distance :

o Plan de vol en peigne dédié à l'exploration des MCS : il consiste à voler dans l'enclume du MCS en effectuant 4 axes à altitude constante et à distance croissante du MCS (Figure II- 8 (a)). Le premier axe est effectué devant le MCS avant son passage et les 3 autres axes dans l'enclume active du système. C'est le cas des vols FV48, FV50, FV51 et FV53.

o Plan de vol pour l'étude du transport à longue distance : ce plan de vol consiste en l'exploration Nord-Sud sur le domaine à 2 paliers d'altitude (Figure II- 8 (b)). C'est le cas des vols FV49, FV54, FV55 et FV56.

Figure II- 7 : Le F-F20 à l'aéroport militaire de Niamey

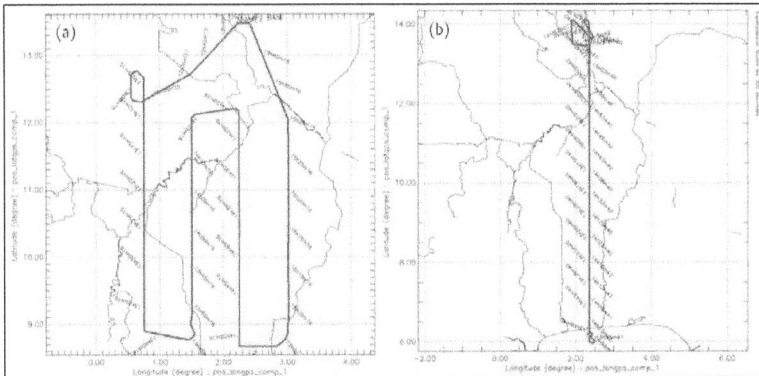

Figure II- 8 : Pans de vol du F-F20 pendant la SOP 2a2

1.5.4. Instrumentation aéroportée pendant la SOP 2a2

Durant les vols, différents paramètres dynamiques et chimiques ont été mesurés. La liste de l'instrumentation et ses performances est résumée dans le Tableau II-1. Sur les deux avions, l'unité SAFIRE prend en charge la mesure de l'ozone et du monoxyde de carbone et fournit la mesure des paramètres dynamiques de base qui sont utiles à l'analyse des mesures chimiques (par exemple humidité relative, température et rayonnement).

A cette instrumentation vient s'ajouter la mesure automatisée des espèces azotées prise en charge par le LISA et la mesure du peroxyde d'hydrogène sur le F-F20 prise en charge par le SA (Service d'Aéronomie). De plus, à bord du F-F20, 290 lâchers de dropsondes ont été effectués afin d'accéder aux profils verticaux des paramètres dynamiques.

Au commencement du programme, la mesure des COV était absente des deux plateformes aéroportées françaises. Le LISA a pris en charge le développement d'une nouvelle instrumentation qui a rendu possible ces mesures durant AMMA. Ce développement instrumental coïncidait avec le renouvellement des avions de recherche français par la communauté scientifique. La mise au point de cette instrumentation a été menée au cours de ce travail.

Tableau II-1 : Liste de l'instrumentation aéroportée

Espèce	Plateforme	Instrument	Technique	LD*	Fréquence	Opérateur/référence
HCNM (C5 – C9)	ATR-42	AMOVOC	Adsorbant solide/GC-MS	1-5 ppt	10 min	LISA
	F-F20					Bechara et al., 2008
HCHO	ATR-42	AMOVOC	Support liquide/HPLC	25 ppt	10 min	LISA
	F-F20					
O_3	ATR-42	Thermoelectron TEI49	Absorption UV	1 ppb	1 s	SAFIRE
	F-F20	MOZART		2 ppb	4 s	
CO	ATR-42	Thermoelectron 48CS	Absorption IR	20 ppb	5 s	SAFIRE
	F-F20	MOZART		5 ppb	30 s	Nedelec et al., 2003
NOx, NOy	ATR-42	NOxTOy	Chimiluminescence au luminol	200 ppt	30 s	LISA
	F-F20	MONA	Chimiluminescence à l'O_3	30 ppt	30 s	LISA Marion, 1998
H_2O_2	F-F20	AEROLASER AL2002	Prélèvement sur phase aqueuse	50 ppt		Service d'Aéronomie Ancellet et al., 2009
Humidité		Condensateur Gerber Probe et King Probe			1 s	SAFIRE
Température		Résistance Rosemount PRT			1 s	SAFIRE
Rayonnement J(NO2)	ATR-42	Photomètre			1 s	SAFIRE
Pression statique	F-F20	Capteur Rosemount, Thales Avionic			1 s	SAFIRE
Altitude		Radioaltimètre Thales Avionic			1 s	SAFIRE
Latitude, longitude et vitesse		INS, GPS			1 s	SAFIRE

* LD : limite de détection

2. Mesure aéroportée des COV

Dans cette partie, nous relatons dans un premier temps les enjeux et les contraintes de la mesure aéroportée en particulier la mesure des COV sur les avions français et nous exposons les éléments qui ont orientés nos choix. Dans un deuxième temps, nous présentons la nouvelle chaine de mesure développée au LISA dédiée à la mesure des COV.

2.1. Enjeux de la mesure aéroportée

La métrologie aéroportée des COV se confronte à plusieurs difficultés liées d'une part aux caractéristiques mêmes des composés et d'autre part aux contraintes de la mesure aéroportée. Ces contraintes sont essentiellement d'ordre technique et environnemental (Clemitshaw, 2004).

Les contraintes environnementales sont liées à la grande variabilité spatio-temporelle des composés ramenée à la vitesse de l'avion, à leurs faibles concentrations dans l'atmosphère (de l'ordre du ppb au ppt) au très grand nombre de composés présents (plusieurs centaines) et à la grande diversité de familles chimiques que regroupent les COV.

A ces paramètres s'ajoutent des contraintes techniques rencontrées à bord des avions. Elles sont liées aux limitations des avions et aux normes de sécurité aéronautique : il s'agit de la vitesse de déplacement de l'avion, la consommation électrique, le poids du matériel embarqué, l'encombrement causé par les appareillages et les problèmes de sécurité dus à l'utilisation de matériaux spéciaux et de bouteilles de gaz comprimé potentiellement dangereux.

La mesure des COV nécessite alors des techniques sensibles avec une fréquence de mesure rapide (quelques minutes), permettant de couvrir le plus grand nombre des fonctions chimiques et assurant des mesures exemptes de toute contamination surtout dans des environnements pollués (avion, aéroport …). Toutes ces contraintes obligent d'arbitrer les choix car il n'existe pas de technique universelle. L'association de différentes techniques peut permettre d'y répondre mais se confronte généralement aux problèmes d'encombrement sur les avions surtout en ce qui concerne l'ATR-42 et le F-F20.

2.2. Etat de l'art de la métrologie aéroportée des COV

Depuis que les mesures aéroportées sont devenues un outil indispensable pour de nombreuses études en chimie atmosphérique, divers outils et méthodes ont été développés et adaptés aux mesures aéroportées. Dans cette partie, nous exposons les principales techniques concernant les mesures des COV en mettant l'accent sur leurs spécificités, leurs avantages et leurs limitations. Les deux moyens aéroportés les plus courants employés pour la mesure des COV sont les techniques chromatographiques (ex. GC-MS, GC-FID) et les techniques spectrométriques (ex. PTR-MS). Le Tableau II- 2 présenté en fin de section (page 83), fait un résumé comparatif des techniques aéroportées décrites ci-dessous. De manière générale, la mesure des COV par les techniques chromatographiques se déroule en 5 grandes étapes:

o prélèvement actif de l'air, avec ou sans traitement (déshydratation, dérivatisation),

o pré-concentration de l'échantillon, généralement à température sub-ambiante sur un support solide (cartouche remplie d'adsorbant, billes de verre, etc.),

o introduction de l'échantillon dans le système analytique par exemple en injectant à une température au moins supérieure à la température de vaporisation de la fraction la moins volatile,

o analyse : séparation généralement par chromatographie en phase gazeuse (GC) au vu de la complexité des mélanges,

o détection et l'acquisition des données.

2.2.1. Techniques de mesure directes ou « on-line »

Les techniques dites « on-line » sont celles pour lesquelles l'échantillonnage, l'analyse et l'acquisition sont réalisés en continu, de manière automatisée. Badjagbo et al. (2007) propose une revue complète de la mesure en continu, au sol, des COV en relatant les différentes intercomparaisons réalisées entre les techniques aujourd'hui disponibles. Si ces techniques permettent de s'affranchir du risque d'une perte de l'échantillon et ont une fréquence de mesure rapide (quelques secondes), elles peuvent présenter certaines limitations quand il s'agit de développer une version aéroportée. En effet, les instruments sont souvent complexes et encombrants. Ils nécessitent par ailleurs une consommation électrique considérable et l'emploi de bouteilles de gaz sous pression, en particulier, pour l'alimentation des détecteurs ce qui peut interférer avec les règles de sécurité à bord. Néanmoins, un certain nombre d'instruments a été développé et déployé avec succès. Ils sont présentés ci-après.

2.2.1.1. Chromatographie gazeuse embarquée

Cette méthode consiste en deux étapes : l'échantillonnage généralement cryogénique sur différents supports puis l'analyse chromatographique en phase gazeuse (GC) et la détection par ionisation de flamme (FID) ou par ionisation à l'hélium (HID).

Le principe du piégeage cryogénique consiste à provoquer la condensation brutale des molécules gazeuses sur un ou plusieurs pièges (colonne capillaire d'Al_2O_3, silice désactivée, etc.) refroidis à basse température par un fluide cryogénique (ex. l'azote liquide). Dans une première étape, l'air échantillonné passe dans une boucle immergée dans ce fluide et les molécules sont concentrées sur le piège. Dans une deuxième étape, le réchauffement rapide du piège entraîne la volatilisation des composés et permet leur injection dans le système chromatographique. Ce procédé permet le prélèvement de plusieurs familles de COV allant des C2 aux C10 (alcanes, alcènes, aromatiques, terpènes, aldéhydes, cétones, alcools) (Goldan 2004). Cette technique se confronte au problème de condensation de l'eau et du CO_2 dans le piège cryogénique. Cela devient surtout un obstacle quand le piégeage est suivi d'une analyse chromatographique puisque une fois condensés, ils peuvent bloquer la colonne chromatographique. Un piège à CO_2 (type Carbosorb) et un système d'assèchement de l'air (ex. desséchants à membrane Nafion, desséchants contenant du chlorure de calcium ou du perchlorate de magnésium) sont nécessaires en amont du prélèvement tout s'assurant de ne pas perdre les composés visés puisque ces desséchants ont tendance à retenir les composés polaires (alcools, cétones, acides, etc.) (Jacob, 1998). Le choix de la colonne et du détecteur dépend des composés ciblés (Apel et al., 2003).

Différents systèmes analytiques associés à l'échantillonnage cryogénique sont disponibles. Les systèmes diffèrent par le choix de paramètres chromatographiques et du détecteur (FID, HID, ECD…). Divers types de colonnes chromatographiques peuvent être employées selon le type de composés ciblés (capillaire ou remplie, polaire ou apolaire…). Les performances et la vitesse de l'analyse peuvent être obtenues en diminuant la longueur ou le diamètre intérieur des colonnes ou en augmentant le débit de gaz vecteur. Les cycles analytiques varient entre 15 et 30 minutes et les limites de détection entre 1 et 20 ppt en fonction du détecteur. D'autres astuces comme le piégeage sur plusieurs supports solides en parallèle par exemple améliorent considérablement la résolution temporelle. Ces techniques GC dites « rapides » présentent un temps d'analyse de 5 à 15 minutes (Goldan et al., 2000 ; Dommen et al., 2001 ; Whalley et al., 2004).

Plusieurs équipes ont déjà décrit et employé la GC embarquée lors de plusieurs campagnes de mesures aéroportées (Singh et al., 2000 ; Goldan et al., 2000 ; Dommen et al., 2001 ; Winkler et al., 2002 ; Singh et al., 2004 ; Whalley et al., 2004). Par exemple, le système développé par Whalley et al. (2004) permet une mesure rapide et en continu des HCNM de 2 à 5 atomes de carbone avec des limites de détection de l'ordre de 5 ppt. Cette technique propose l'association de plusieurs pièges en parallèle, ce qui permet un échantillonnage rapide avec une résolution temporelle de 5 minutes. Les composés sont détectés par un détecteur à ionisation d'hélium (HID) qui pallie au problème d'utilisation de gaz explosif (tel que H_2) que présentent d'autres détecteurs comme le FID puisqu'il n'a besoin que de l'hélium et donc réduit le nombre de bouteilles de gaz nécessaires à bord.

2.2.1.2. PTR-MS

Le PTR-MS (Proton Transfer Reaction–Mass Spectrometer) est un instrument commercialisé et développé par Lindinger dans les années 90 (Lindinger et al., 1998). C'est une méthode basée sur la spectrométrie de masse par transfert de proton. Le principe de fonctionnement est le suivant : des ions H_3O^+ (produits par décharge plasma sur une cathode) réagissent avec les molécules organiques de l'air ayant une affinité protonique supérieure à celle de l'eau selon l'équation suivante :

$$R + H_3O^+ \Leftrightarrow RH^+ + H_2O$$

Les différents ions RH^+ sont ensuite séparés en masse par un spectromètre de masse quadripolaire et détectés par un multiplicateur d'électrons. Appropriée à l'analyse des COV et des COV oxygénés, cette technique présente un pas de temps inférieur à la minute ce qui permet le suivi très rapide des teneurs avec une sensibilité de l'ordre de quelques dizaines de ppt. Le PTR-MS permet le suivi d'une très large gamme de composés de diverses familles chimiques (alcènes, aromatiques, terpènes, aldéhydes, cétones, alcools, PAN, etc. (De Gouw et Warneke, 2007) et en particulier des composés d'intérêt atmosphérique majeur comme le benzène, le toluène, l'acétonitrile (composé émis par les feux de biomasse), l'isoprène, la méthacroléine et la méthyle vinyle cétone (produits de dégradation de l'isoprène), le sulfure de diméthyle (composé d'origine marine), l'acétone et le méthanol, l'acétaldéhyde (composé principalement secondaire, élément intermédiaire clé des réactions d'oxydation des COV). En revanche, l'identification en PTR-MS peut s'avérer délicate, notamment pour des ions ayant un rapport m/z identique. Il n'identifie pas les isomères et les alcanes par exemple. Le PTR-MS est utilisé par plusieurs groupes de recherche dans le cadre de mesures aéroportées (ex. Crutzen et al., 2000 ; Karl et al., 2007 ; De Gouw et Warneke, 2007 ; Eerdekens et al., 2009).

2.2.2. Techniques de mesure indirectes ou « off-line »

En mode « off-line », seul le prélèvement s'effectue à bord et l'analyse est réalisée en différée au laboratoire. Cela limite le matériel embarqué et allège le poids de l'instrumentation. Le pas de mesure n'est donc conditionné que par le temps de prélèvement et non par le temps d'analyse qui est généralement l'étape limitante. L'échantillonnage s'effectue généralement dans des réservoirs (canisters) ou sur des cartouches d'adsorbants. Le stockage, le transport et la conservation des échantillons sont un point critique des techniques « off-line » car il faut éviter leur contamination ou leur perte jusqu'à l'analyse.

2.2.2.1. Les techniques d'échantillonnage

On distingue l'échantillonnage sans pré-concentration qui se limite au WAS (Whole Air Sampling) et l'échantillonnage avec pré-concentration qui se fait sur adsorbant liquide ou solide.

i. Système WAS (Whole Air Sampling)

Les canisters sont des conteneurs en acier inoxydable ou en verre qui permettent un prélèvement de la totalité de l'air ambiant. Ils sont disponibles sous différentes formes et volumes d'échantillonnage (de 0,8 à 15 L). L'intérieur doit subir un traitement de manière à minimiser les adsorptions sur les surfaces (Kumar et Viden, 2007 ; Rudolph et Johnen, 1990 ; EPA Compendium method

TO-14, 1997). Une automatisation du système est nécessaire pour les prélèvements qui s'effectuent, soit de manière passive (ouverture et fermeture de la vanne d'isolement) à pression sub-ambiante soit de manière active par pompage en pressurisant le canister entre 3 et 5 bars. Le temps de prélèvement est modulable et peut être quasi instantané. De plus ce sont des systèmes réutilisables de manière illimitée (EPA Compendium method TO-14, 1997) mais qui demandent un protocole de nettoyage poussé et coûteux. La majorité des composés échantillonnés ne subit pas de dégradation et reste stable durant le stockage (Kelly et Holdren, 1995) à l'exception des COV polaires et semi-volatils par adsorption sur les parois (Wu et al., 2004). Toutefois, les canisters ont le désavantage de peser lourd et d'être encombrants et volumineux (Tolnai et al., 2000). La collecte des COV par canisters dans le cadre de campagnes aéroportées a été employée par plusieurs équipes de recherche (Boissard et al., 1996 ; Blake et al., 1999 ; Colman et al., 2001 ; Winkler et al., 2002 ; Scheeren et al., 2003). Un système de prélèvement des HCNM dans des canisters en verre a été développé dans le système Caribic qui est déployé sur les avions de ligne (Brenninkmeijer et al., 2007). L'analyse est faite ultérieurement en laboratoire, dans un délai de quelques jours. Plusieurs analyses d'un même canister peuvent être conduites.

ii. Systèmes sur supports solides

Le prélèvement sur support solide est la méthode la plus employée au sol en raison de son efficacité et son faible coût de fonctionnement. Les versions aéroportées sont encore peu nombreuses mais plusieurs équipes s'intéressent actuellement à leur développement (Ghauch et Baussand, 2001 ; Kuhn et al., 2005 ; Brenninkmeijer et al., 2007 ; Williams et al., 2007).

Le piégeage s'effectue sur des cartouches remplies de la phase d'adsorbant par pompage actif du volume d'air. Il existe trois classes d'adsorbants : adsorbants carbonés (ex. Carbotrap, Carbopack), tamis moléculaires (ex. Carbosieve SIII,

Carboxen) et polymères poreux (ex. Tenax, Chromosorb). Leurs principales différences résident dans leur nature et leur granulométrie. Les adsorbants présentent une capacité élevée à concentrer les composés (Wu et al., 2004). L'emploi de plusieurs adsorbants augmente la gamme de composés visés (Kuntasal et al., 2005). D'après Kuntasal et al. (2005), cette méthode s'avère précise et sensible et permet une étude quantitative des COV. Mais elle doit être menée minutieusement pour éviter les risques de contamination et de perte de l'échantillon. Les cartouches nécessitent un système propre et étanche pour assurer des prélèvements fiables protégés de la contamination extérieure potentiellement importante sur les aéroports. Le débit d'air prélevé doit être contrôlé en continu afin de pouvoir déterminer le volume d'air prélevé dans chaque cartouche.

iii. Systèmes sur supports liquides

Cette méthode a été décrite par Lee et Zhou (1993) et adaptée au prélèvement aéroporté pour une gamme de composés carbonylés incluant le formaldéhyde, le glycolaldéhyde, le glyoxal, le méthylglyoxal, l'acide glyoxylique et l'acide pyruvique (Lee et al., 1996). Les prélèvements sont effectués par circulation d'air dans un serpentin de verre traversé par un film liquide d'une solution de 2,4-dinitrophénylhydrazine (DNPH). Les composés carbonylés sont solubilisés puis fonctionnalisés par la DNPH. Il se forme alors des hydrazones stables. Les échantillons liquides sont récupérés dans des petits flacons appelés « vials ». Le temps de prélèvement varie de 5 à 10 minutes. L'efficacité de piégeage dépend du composé (d'après sa constante de Henry) et est étroitement dépendante de la température de prélèvement.

2.2.2.2. Systèmes analytiques couplés

Les concentrations des COV étant faibles, la pré-concentration de l'échantillon est indispensable, en particulier pour le WAS où l'air prélevé est conduit sur un piège solide et/ou cryogénique afin de concentrer les composés. Après cette pré-concentration, la récupération de l'échantillon doit se faire sans modification de concentration ni dégradation. La technique de récupération doit être compatible avec la méthode d'échantillonnage. Des perturbations comme l'irréversibilité de la fixation, la réactivité avec l'adsorbant ou la dégradation thermique doivent être considérées dans le choix de la méthode. La désorption thermique, méthode simple, efficace et très largement utilisée (Hallama et al., 1998 ; Odabasi et al., 2005), a remplacé les techniques d'extraction par solvant (Clement et al., 2000). Elle augmente la sensibilité de la mesure et diminue les risques de perte de l'échantillon sauf pour les composés thermodégradables. Comme nous l'avons signalé précédemment les méthodes de séparation les plus communément employées sont les techniques chromatographiques : GC pour les cartouches d'absorbants et chromatographie liquide (HPLC) pour les échantillons liquides. Les détecteurs les plus couramment employés en GC sont le détecteur à ionisation de flamme (FID), le détecteur à capture d'électrons (ECD) et la spectroscopie de masse (MS). Le détecteur généralement couplé à la HPLC est la spectrométrie UV-visible. La détection des composés aromatiques polycyclique (HAP) se fait par fluorescence UV.

Tableau II- 2 : Résumé comparatif des techniques de la mesure aéroportée des COV

	« On-line »		« Off-line »	
	PTR-MS	**GC en ligne**	**Canisters**	**Support solide/liquide**
Fréquence de mesure	▪ Réponse rapide (< 100 ms) ▪ Réponse immédiate	▪ Long (> 30 min) ▪ Réponse immédiate	▪ Ajustable (quelques secondes à plusieurs minutes) ▪ Manque de réponse immédiate	
Composés mesurés	▪ COV primaires majoritaires ▪ Quelques secondaires	▪ Selon la méthode adoptée	▪ Toute la fraction prélevée ▪ Plusieurs analyses possibles	▪ Versatile ▪ Dépend du support ▪ Une seule analyse possible
Identification	▪ Ambiguë (identifie seulement la masse molaire)	▪ Fiable, dépend du détecteur (identification possible jusqu'à l'échelle moléculaire)		
Limites de détection	▪ quelques dizaines de ppt	▪ quelques ppt. dépend de la technique analytique employée		
Compatibilité aéronautique	▪ Coûteux	▪ Encombrant ▪ Conditions de sécurité (bouteilles de gaz)	▪ Encombrant ▪ Limitée par le nombre de canisters ▪ Coûteux	▪ Léger et compact ▪ Duplicable ▪ nécessite un protocole « assurance qualité » strict ▪ Faible coût

2.3. Nouvelle instrumentation aéroportée pour la mesure des COV

2.3.1. Critères de choix

Notre objectif pour AMMA était d'équiper les deux avions français par des mesures de COV. Nos critères de choix étaient de développer une chaîne de mesure :

- o assurant des mesures de COV sur les deux avions, compatibles et comparables entre elles
- o assurant la mesure de la gamme de composés la plus complète possible
- o en gérant le coût des instruments et leur mise en œuvre.

Les deux avions français sont de type petit porteur, l'espace à bord est donc restreint et le poids du matériel embarqué limité. Le déploiement d'instrumentation « on-line » embarquée s'avérait coûteux et encombrant. Le choix d'une technique « off-line » limite le matériel embarqué puisqu'il y a juste le préleveur qui est à bord de l'avion. Cela réduit considérablement la place et la consommation électrique nécessaires. Au vu des méthodes expérimentales disponibles, des objectifs et des contraintes, nous avons fait le choix de développer une instrumentation qui :

- o consiste en une technique « off-line »
- o comprend un système de prélèvement automatisé, AMOVOC (Airborne Measurements Of Volatile Organic Compounds) qui comprend deux voies de prélèvements et qui permet la collecte d'une large gamme de composés sur support solide pour les HCNM et sur support liquide pour les COV oxygénés (Figure II- 9)
- o comprend un ensemble analytique réunissant un passeur automatique CombiPal et un GC-MS pour la mesure des HCNM et une chaîne HPLC pour la mesure des COV oxygénés.

L'essentiel du travail a été consacré à la mise au point du prélèvement des HCNM sur cartouches d'adsorbant et à leur analyse par chromatographie gazeuse couplée à la spectrométrie de masse (GC-MS).

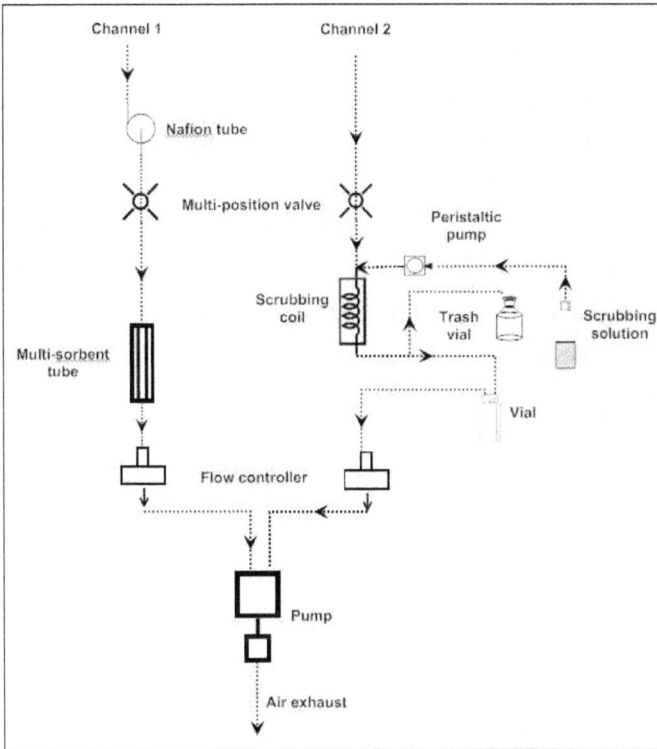

Figure II- 9 : Schéma du circuit fluide d'AMOVOC couplant les 2 voies de prélèvement

La mesure des composés oxygénés a été, pour AMMA, optimisée pour le formaldéhyde. La technique de mesure est adapté de Lee et Zhou (1993) et Lee et al. (1996) et n'est pas détaillé dans ce manuscrit car elle n'a pas fait l'objet de mise au point dans le cadre de ce travail. Elle consiste en un prélèvement sur support liquide dans une solution de dérivatisation acidifiée de 2,4-dinitrophénylhydrazine (DNPH). Le HCHO est fonctionnalisé (formation d'une hydrazone) et par la suite analysé par chromatographie liquide à haute performance (HPLC) couplée à la détection par spectrométrie UV-visible. Elle présente un pas de temps de 10 minutes et une limite de détection de 25 ppt.

Notre principal souci était d'assurer une mesure de qualité sans contamination des échantillons durant tout le protocole de mesure, depuis l'avion jusqu'au laboratoire. Dans ce but, nous avons fait le choix d'utiliser le passeur automatique d'échantillon CombiPAL qui ne nécessite pas de ligne de transfert et qui assure le passage de l'échantillon directement de la cartouche de prélèvement au système analytique GC-MS (Figure II- 10). Le CombiPAL est compatible avec des cartouches en verre de configuration spécifique. Pour cela, nous avons développé AMOVOC, un préleveur d'échantillon adapté aux cartouches du CombiPAL.

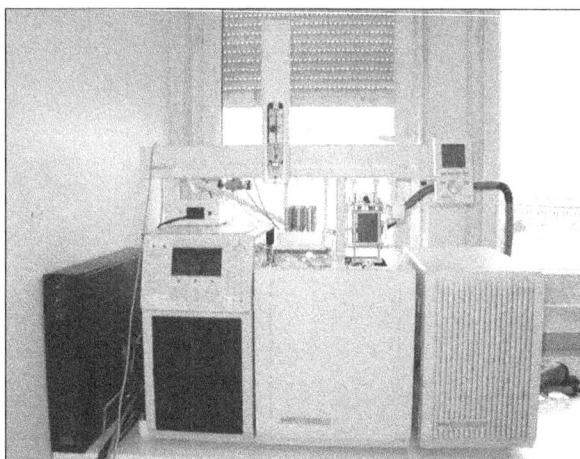

Figure II- 10 : Le système analytique CombiPAL-TDAS-GC/MS

2.3.2. Description de l'instrumentation

2.3.2.1. Système de prélèvement

AMOVOC est un instrument compact, modulable et automatisé. Dupliqué, il peut être embarqué simultanément sur plusieurs porteurs. Il permet la mesure d'une large gamme de COV à une fréquence temporelle réglable et adaptable aux conditions de prélèvements.

AMOVOC se compose d'un boitier compact métallique (19"/4U) dont la conception répond aux normes de sécurité aéronautiques. Le boitier est divisé en deux parties: un compartiment dédié au prélèvement et un compartiment de pilotage (Figure II-11). Le compartiment dédié au prélèvement comporte l'unité d'échantillonnage. Un système de refroidissement par effet Peltier est installé pour la régulation en température au cours de l'échantillonnage. L'intérieur du boitier est vêtu de plaques d'isolation pour garantir la stabilité de la température.

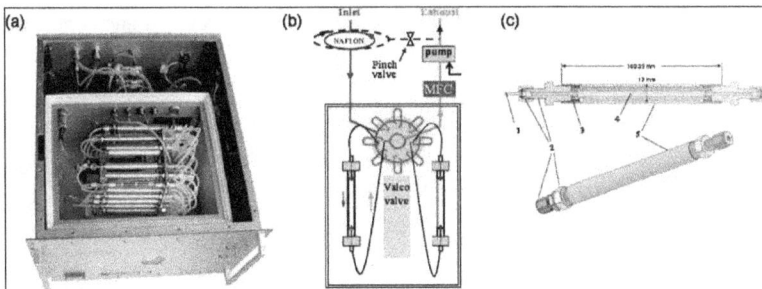

Figure II- 11 : (a) Vue d'ensemble de AMOVOC. (b) Schéma de circulation de l'air ; MFC : régulateur de débit massique. (c) Conception d'un tube de prélèvement : 1 : tube en Téflon, 2 : raccords Swagelok, 3 : Joint torique en Viton, 4 : tube de verre, 5 : tube inox

Le compartiment de pilotage intègre les connexions électroniques et les dispositifs d'automatisation. L'air circule dans des tubes en téflon d'un diamètre externe (OD pour outside diameter) de ¼ "OD. Un régulateur de débit massique (MFC, modèle 1179A, 200 sccm; MKS Inc instrument; USA) placé dans le compartiment de pilotage maintient un débit constant dans le canal d'échantillonnage quelle que soit l'altitude à laquelle le prélèvement est effectué. Une pompe à air (N89 KNDC, 9 L.min^{-1} à 1 bar, KNF, France) est disposée en aval pour assurer le débit d'air requis.

Un système informatique embarqué (carte mère 3,5"; Fréquence du processeur 300 MHz ; 256 Mo RAM, 1 Go Compact Flash, 2 ports USB, Ethernet, RS 232, RS 485) est intégré dans le boitier et assure l'automatisation de l'échantillonnage et l'enregistrement des paramètres (température, débit, la position de la valve). L'alimentation électrique est fournie par un courant continu de 28 volts. AMOVOC a été conçu pour empêcher les pertes et la contamination des échantillons (notamment la contamination par diffusion), un point crucial si l'on considère les gaz à l'état de traces surtout dans le cas de mesures dans les zones aéroportuaires. Le cœur du système d'échantillonnage des HCNM se compose d'une vanne Valco multi-voies (modèle EMT2ST16MWE, Valco-Vici, Suisse) renfermant 16 voies d'échantillonnage, chaque voie étant reliée à une cartouche d'échantillonnage. La vanne assure la distribution automatique de l'air vers les 16 positions. La position n ° 1 est utilisée comme voie de purge. De cette façon, quinze échantillons peuvent être prélevés. Après l'échantillonnage, la valve multi-positions est automatiquement mise sur la position n ° 1 (tube de purge) pour isoler les tubes non échantillonnées de de l'air ambiant. Cela empêche la contamination ou la perte d'échantillons. Les cartouches d'absorbants sont introduites dans des tubes porte-cartouche en inox (12 mm OD x 100,39 mm de long) reliés par des raccords Swagelock ⅛OD et les tubes en téflon à la valve multi-voies (Figure II-11 (b)). Des joints toriques Viton sont installés entre la cartouche d'adsorbant et les raccords Swagelock pour assurer l'étanchéité du système. L'unité d'échantillonnage, comprenant la vanne multi-voies et les échantillons, peuvent être retirés du boitier pour faciliter le transport des échantillons et leur montage/démontage dans des conditions propres.

2.3.2.2. Système analytique

Le rôle de l'unité de transfert est de garantir un transfert quantitatif de l'échantillon, exempt de toute contamination depuis les cartouches jusqu'au système d'analyse. La Short Path Thermo Desorption (SPTD) évite l'utilisation de lignes de transfert qui peuvent causer la perte de substance (Kuntasal et al., 2005). L'unité SPTD comporte un passeur automatique d'échantillons associé à un four de thermodésorption (CombiPAL/TDAS, Chromtech, Suisse) (Figure II-12). Ce système permet le transfert direct des échantillons depuis les cartouches jusqu'à la colonne chromatographique, l'unité de la SPTD étant directement installée au-dessus de l'injecteur installé à l'entrée de la colonne. L'injecteur utilisé est un PTV 1079 à programmation de température (Varian INC, France). Le CombiPAL est muni d'une seringue d'injection qui vient piquer la cartouche en sa partie supérieure et va l'insérer dans le four TDAS. Les cartouches sont ainsi transportées depuis le plateau d'échantillon jusqu'au four de thermodésorption. Le CombiPAL pousse le four vers le bas, perçant ainsi les deux extrémités de la cartouche ; le fond du four étant également équipé d'une aiguille. L'aiguille du bas s'insère dans l'injecteur PTV. La cartouche est chauffée et balayée par un flux de gaz vecteur d'hélium. Les composés sont thermodésorbés puis reconcentrés à froid dans PTV dans un insert garni de Chromosorb (primaire désorption). Le refroidissement est opéré par circulation d'azote liquide. Après le temps de thermodésorption, l'injecteur PTV chauffe rapidement pour atteindre sa température maximale (secondaire désorption), ce qui permet l'injection des composés dans la colonne capillaire. Le système analytique utilisé est un GC-3800 Varian. Le spectromètre de masse couplé au GC est un MS Saturn 2000 (trappe ionique) offrant une sensibilité élevée (signal/bruit >50 pour 1pg d'OFN). Les composés sont ionisés par impact électronique. Les ions présents sont piégés simultanément dans la trappe au moyen de radiofréquences. Par un balayage de potentiel, ils sont ensuite expulsés en fonction de leur rapport m/z croissants vers un multiplicateur d'électrons. La MS permet l'identification des composés en fournissant une information sur la nature et la structure moléculaires des espèces présentes dans l'échantillon analysé (spectres).

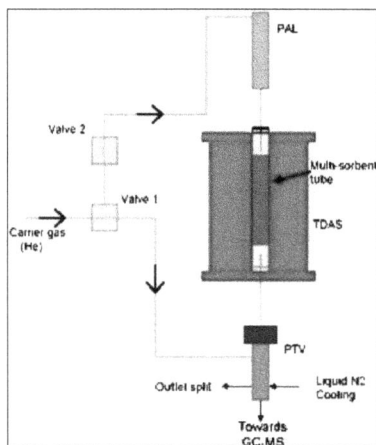

Figure II- 12 : Schéma du système analytique CombiPal/TDAS/PTV/GC-MS

2.3.3. Les composés ciblés

Pour sa première utilisation, la méthode analytique a été développée et optimisée pour la mesure des COV primaires. Le choix des composés a aussi été adapté à l'environnement qui allait être exploré durant le premier déploiement de l'instrumentation. Il s'agissait de l'Afrique de l'Ouest qui comprenait à la fois des espaces urbains et une végétation dense. Donc il fallait adapter une méthode pour la mesure d'espèces anthropiques et naturelles. La méthode analytique permet la mesure simultanée de 18 HCNM ayant 5 à 9 atomes de carbone. La liste des composés ciblés regroupe des alcanes, des alcènes et des composés aromatiques (Tableau II- 3). Elle comprend des composés ayant temps de vie variables allant de quelques heures à plusieurs jours. Les composés mesurés sont les principaux précurseurs d'ozone classés sur la base de leur réactivité, de leur abondance et de leur toxicité par l'Ozone Directive 2002/3/EC (2002).

Tableau II-3 : ^{a} HCNM visés; concentrations du mélange NPL (ppb); ^{b} temps de rétention (TR, min); ^{c} ion caractéristique utilisé pour la quantification dans l'analyse GC-MS (ICQ); ^{d} limite de détection (LD, ppt), ^{e} limite de quantification (LQ, ppt); ^{f} reproductibilité (N=7, écart-type EC, %); ^{g} influence de la température de cryofocalisation. Les aires de pics (A) à -50°C et à -75°C sont normalisées par rapport aux aires de pics à -100°C.

ID	Composé	[NPL] ±0,08^a	TR^b	ICQ^c	LD^d	LQ^e	EC^f %	A -75°C / A -100°C ^{g}*	A -50°C / A -100°C ^{g}**
1	Isopentane	3.98	22.64	41	4	12	15	64%	11%
2	Pent-1-ène	3.91	22.65	39	4	11	24	93%	23%
3	Isoprène	3.98	22.79	67	4	12	15	92%	21%
4	Trans-2-pentène	3.84	23.06	55	4	12	15	95%	24%
5	Pentane	4.03	23.46	41	5	14	17	56%	15%
6	2-Méthylpentane	3.98	27.35	41	5	16	15	96%	20%
7	Benzène	4.02	27.68	78	1	4	14	86%	74%
8	Hexane	3.98	27.90	41	4	14	14	95%	42%
9	Heptane	3.93	30.47	41	3	10	11	99%	69%
10	Toluène	3.97	30.50	91	1	3	9	96%	84%
11	2,2,4-Triméthylpentane (2,2,4-TMP)	4.01	31.31	57	4	13	15	91%	85%
12	Octane	3.97	32.67	43	4	14	10	99%	90%
13	Ethylbenzène	4.10	32.71	91	2	4	9	97%	77%
14	m,p-Xylène	8.01	32.77	91	2	4	9	92%	74%
15	o-Xylène	4.03	33.10	91	2	4	8	91%	90%
16	1,3,5-Triméthylbenzène (1,3,5-TMB)	3.94	34.97	105	2	6	13	96%	90%
17	1,2,4-Triméthylbenzène (1,2,4-TMB)	4.13	35.50	105	2	6	18	91%	89%
18	1,2,3-Triméthylbenzène (1,2,3-TMB)	3.76	36.06	105	2	6	16	95%	72%

91

2.3.4. Optimisation de la mesure des HCNM (Bechara et al., 2008)

Les paramètres essentiels pour assurer des mesures de qualité sont :

- o les conditions de prélèvements (temps, température, débit…)
- o l'assèchement de l'échantillon avant le prélèvement
- o une méthode analytique adaptée (température de thermodésorption, de cryofocalisation, débit de gaz vecteur, débit de split…)
- o le stockage et la conservation des cartouches jusqu'à l'analyse

Tous ces paramètres ont été testés et optimisés. Un procédé de contrôle qualité a aussi été mis en place pour éviter les pertes et les contaminations surtout dans des environnements pollués comme les aéroports. Les résultats de l'étude sont présentés dans cette section et ont fait aussi l'objet d'une publication intitulée « New off-line aircraft instrumentation for non-methane hydrocarbon measurements » dans le journal Analytical and Bioanalytical Chemistry (Bechara et al., 2008).

2.3.4.1. Conditions de prélèvement

o *Nature des tubes d'adsorbants*

La combinaison Carbosieve SIII, Carbotrap et Carbotrap C dans les tubes adsorbants s'avère efficace pour le piégeage d'une large gamme de COV allant des C5 aux C9. Ces trois adsorbants ont un bruit de fond faible par thermodésorption et une stabilité thermique élevée (Wu et al., 2004). Des comparaisons entre le Carbopack B et le Tenax pour les C6-C10 montrent que le Carbopack B est plus efficace que le Tenax et ne présente pas d'artefacts au niveau du piégeage en présence d'oxydants et d'acides polluants. Nous avons donc opté pour la combinaison de ces trois adsorbants. Les cartouches ont été conçues en combinant trois adsorbants solides basées en se basant sur plusieurs études (Wu et al., 2004, Hallama et al., 1998) et notamment la méthode de référence de l'US-EPA TO-17 (EPA Compendium method TO-14, 1997). La combinaison de Carbosieve SIII 60/80, Carbopack B 60/80 et Carbotrap C 20/40, fournis par Supelco (Bellefonte, PA, USA), a été adoptée. Ces trois adsorbants ont un faible bruit de fond par thermodésorption et une grande stabilité thermique (Wu et al., 2004). Les tubes ont été préparés au laboratoire. Des tubes de verre (85 mm de long x 7 mm de diamètre, capacité 1,8 ml) ont été achetés chez Chromtech, Suisse. Les adsorbants ont été remplis dans les tubes de verre, séparées par de la laine de verre. Les adsorbants sont placés dans l'ordre croissant de leur capacité de rétention (Carbosieve SIII (160 mg) / Carbopack B (200 mg) / Carbotrap C (350 mg)) (Figure II-13).

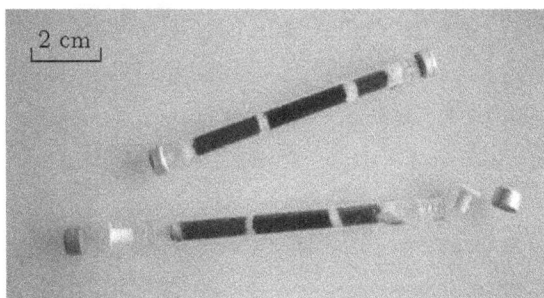

Figure II- 13 : Photographie des cartouches d'adsorbant

o **Volume de perçage**

Lorsque le volume de perçage est atteint, les composés ne sont plus piégés sur les adsorbants et passent à travers la cartouche sans être retenus. Pour vérifier l'efficacité d'adsorption des cartouches d'absorbants, nous avons vérifié qu'aucun perçage n'a été détectée dans des conditions d'utilisation de AMOVOC (durée d'échantillonnage: 10 minutes, débit d'air: 200 mL.min^{-1}). L'influence de la température sur le volume de perçage étant importante, nous avons testé les valeurs de température entre 19°C et 29°C (Annexe A, Figure A- 1). Nous nous sommes assuré que la totalité des composés a été retenue sur le premier tube, par exposition de deux tubes en série. Les cartouches ont été dopées avec le mélange NPL à des températures allant de 19°C à 29°C. L'analyse de chaque cartouche a montré qu'aucun perçage n'est observé pour tous les composés (exprimé en % de la quantité de HCNM sur la deuxième cartouche par rapport à la quantité sur la première cartouche). Les plus petits pourcentages ont été détecté pour le toluène (1%) et l'octane (3%), et restent inférieurs aux recommandations de l'US-EPA (<5%) (EPA Compendium method TO-14, 1997). Nous concluons qu'aucun perçage n'a été observé dans des conditions d'utilisation de AMOVOC.

2.3.4.2. Analyse Qualitative

L'analyse qualitative a pour but de s'assurer de la bonne reconnaissance et la séparation des pics des composés visés. En effet, la seule identification des composés par spectrométrie de masse peut s'avérer délicate dans le cas des hydrocarbures pour lesquels les ions caractéristiques ont très souvent des rapports m/z identiques, empêchant de les distinguer. Aussi, l'analyse qualitative se basera dans un premier temps sur la connaissance des temps de rétention des pics des composés. Pour l'identification des hydrocarbures, l'analyse qualitative a été menée selon un protocole en trois temps. Dans un premier temps, nous avons procédé à un dopage individuel des cartouches par l'intermédiaire d'une rampe de vaporisation et de dilution. Les cartouches ont été dopées par l'injection de 1 µl de solution étalon. Dans un deuxième temps, les cartouches ont été dopées à partir d'une bouteille d'un mélange étalon de 30 hydrocarbures de basses concentrations et de très grande précision (<4 ppb ± 0,8%) fourni par NPL (National Physical Laboratory, Teddington Middlesex, Royaume-Uni). La liste des HCNM ciblés figure dans le tableau 1. Dans un troisième temps, la programmation de température du four a été optimisée.

o **Rampe de dilution statique**

La rampe utilisée, reliée à un ballon 10L, est constituée de 5 robinets sur lesquels sont connectés une pompe à vide, un capteur de pression, un septum d'injection, une arrivée d'air zéro (gaz diluant) et une voie de pompage sur le tube (Figure II-14). Un volume d'environ 1 µL d'une solution pure d'hydrocarbure est introduit à l'aide d'une seringue d'injection dans le système sous basse pression ($\sim 10^{-3}$ mbar) (2). Le composé est alors vaporisé. Deux dilutions successives (environ au millionième) sont ensuite effectuées (3). Enfin, une pompe assure la circulation de l'air dans le tube pendant 10 min à environ 200 mL/min. Le tube est analysé.

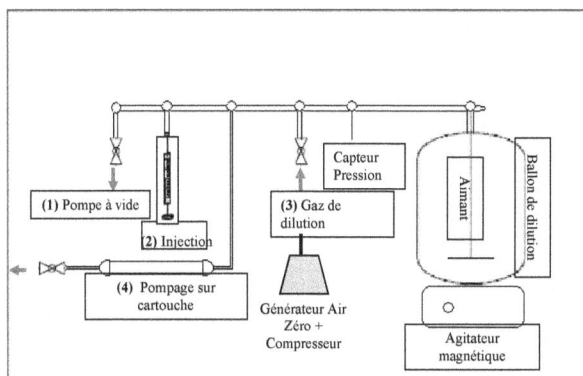

Figure II- 14 : Schéma de principe de la rampe de dilution statique

o **Bouteille étalon**

Pour les prélèvements, le tube adsorbant est monté directement en sortie de la bouteille étalon NPL.

o **Programme de température**

La programmation en température vise deux objectifs : la bonne séparation des pics et un temps d'analyse raisonnable. Les conditions initiales correspondant à un programme classique allant de 50°C à 250°C à 10°C/min ne convenaient pas à la séparation des composés. Plusieurs modifications ont été apportées au programme initial afin de trouver le meilleur compromis et la meilleure résolution, en particulier pour les paires de composés les plus critiques (isopentane/isoprène, cis-2-pentène/pentane, heptane/toluène et 3-méthylpentane/benzène). Les essais ont été effectués en faisant varier la température initiale, les rampes de température et les paliers isothermes.

Le programme de température retenu est reporté dans le Tableau II-4. Le temps d'analyse est de 50 minutes. La Figure II-15 présente un chromatogramme des composés étudiés. L'analyse qualitative est très satisfaisante avec, par ailleurs, une stabilité des temps de rétention et des résolutions de pics supérieures à 1.

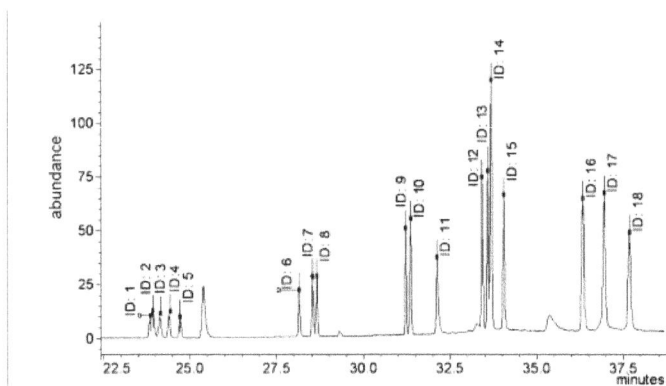

Figure II- 15 : Exemple d'un chromatogramme obtenu à partir de l'analyse d'un échantillon du standard NPL. Les numéros de référence correspondants aux composés énumérés dans le Tableau II-3

2.3.4.3. Assèchement de l'échantillon avant le prélèvement

Les adsorbants carbonés présentent des limitations lors de l'échantillonnage d'un air humide. La vapeur d'eau peut être adsorbée sur des adsorbants en particulier sur les plus hydrophiles comme le Carbosieve SIII réduisant ainsi leur capacité d'adsorption. En outre, l'eau perturbe l'analyse au cours de l'étape de préconcentration cryogénique puisque la glace s'accumule et bloque le passage de gaz vecteur. L'humidité peut également modifier les temps de rétention et perturber la détection (Helmig et al., 1995), ce qui amènera des erreurs de quantification. Par conséquent, il est essentiel de minimiser l'impact de l'eau sur l'adsorbant lors de l'échantillonnage. L'élimination de l'humidité peut se faire soit par le biais de tubes de séchage, soit par la régulation de la température lors de l'échantillonnage ou encore par balayage des cartouches avant l'analyse (Gawrys et al., 2001 ; Karbiwnyk et al., 2002). Le rinçage et le chauffage des cartouches (Helmig et al., 1995) amènent le risque de perte des composés légers. Pour assure la déshydratation de l'échantillon au moment du prélèvement et éviter les pertes, nous avons opté pour l'ajout d'une membrane Nafion (Permapur, France) à l'entrée de l'air échantillonné. L'utilisation de la membrane Nafion a été adaptée en fonction des limitations et des contraintes à bord des avions et particulièrement en ce qui concerne la génération de l'air sec de purge. En effet, le séchage par membrane Nafion est effectué par échange d'humidité par passage à contre-courant de gaz sec, pour obtenir un gradient d'humidité entre les deux gaz : l'entrée d'air humide et le gaz de purge sec. Pour générer un flux de purge sec, en particulier sur des plateformes aéroportées avec les contraintes d'espace et de charge de poids, l'air sortant de AMOVOC est recueilli et recircule sur des cartouches asséchantes de Drierite (WA Hammond Drierite CO.)

Pour obtenir un air sec (RH ~ 0%) circulant à un débit de 2,2 L / min, 35 cm^3 de Drierite sont nécessaires et doivent être remplacés toutes les 45 minutes (les tests ont été menés à partir d'un air humide à 65%). Cela apparaît comme un moyen pratique et efficace d'obtenir de l'air sec dans l'avion sans disposer d'un générateur d'air qui sera encombrant en raison de sa taille et de poids. L'efficacité de cette configuration a été testée et les résultats sont présentés sur la figure 3. Premièrement, les résultats montrent une diminution importante de l'efficacité d'adsorption (jusqu'à 50%) dans le cas de l'échantillonnage d'un air humide (Figure II- 16 : RH50%/sansNafion vs sec/sansNafion), soulignant que la membrane Nafion est absolument essentielle. D'autre part, il a été vérifié que la membrane Nafion ne cause pas de perte de composés. Pour ce faire, des cartouches ont été dopées par le mélange standard NPL avec et sans passage dans la membrane Nafion. Aucune variation significative n'a été remarqué (variations < limites de reproductibilité) (Figure II- 16 : sec/sansNafion vs sec/avecNafion). L'efficacité de la membrane Nafion a aussi été testée lors de l'échantillonnage d'un air humide. La comparaison avec l'analyse d'un air sec ne montre aucun artefact dans l'identification des HCNM. Les variations des concentrations sont inférieures aux limites de reproductibilité du système ce qui montre que la quantification des composés n'a pas été affectée. (Figure II- 16 : sec/sansNafion vs RH50%/avecNafion). La membrane Nafion a donc été jugée efficace, adaptée pour le système de prélèvement et appropriée pour les campagnes de mesure aéroportées.

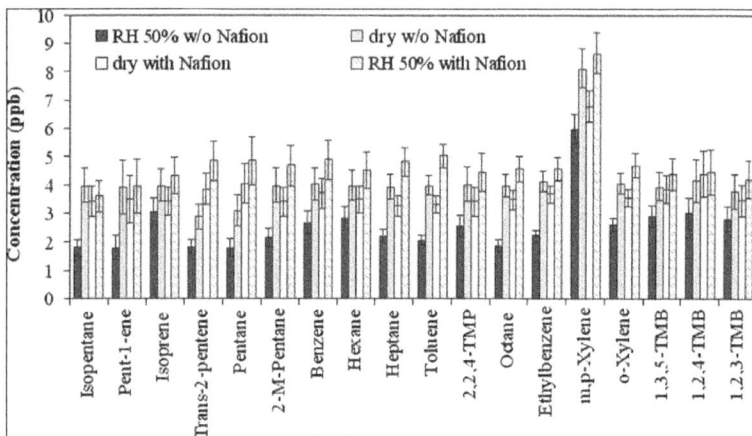

Figure II- 16 : Etude de l'influence de la membrane Nafion

2.3.4.4. Conditions analytiques

Les paramètres analytiques ont été optimisés pour garantir un transfert quantitatif de l'échantillon depuis la cartouche jusqu'au système d'analyse pour la séparation, l'identification et la quantification des HCNM.

o *Désorption primaire*

Pour assurer la désorption complète des composés échantillonnés, le temps et la température de désorption ont été être pris en considération. Le temps de désorption doit être suffisamment long pour assurer la désorption de la totalité des composés sans affecter les plus sensibles tels que l'isoprène (Kuntasal et al., 2005). Les études de la littérature montrent qu'en 5 ou 6 minutes selon la température, tous les composés sont désorbés (Kuntasal et al., 2005 ; Wu et al., 2004). Dans notre cas, un temps de désorption de 5 minutes s'avère suffisant pour assurer la désorption totale puisque aucun pic n'apparait dans le chromatogramme d'une cartouche analysée deux fois successives.

La température de thermodésorption doit être fixée de façon à assurer la désorption complète de tous les composés sans leur dégradation. Il faut cependant veiller à respecter les températures maximales d'utilisation des adsorbants pour éviter leur dégradation. Des températures trop élevées peuvent par ailleurs dégrader les composés légers, comme l'isoprène. Plusieurs études montrent que la valeur de 250°C est suffisante pour la désorption quasi complète (> 90%) des composés lourds (C6-C10) sur le Carbotrap B (Kuntasal et al., 2005). Nous avons effectué deux analyses successives d'une même cartouche pour s'assurer que la totalité des composés a été désorbée à 250°C. L'absence de composés sur le deuxième chromatogramme confirme qu'une température de 250°C est suffisante pour la désorption des composés piégés, en particulier pour la fraction lourde. Nous avons vérifié si cette température affectait les composés les plus thermosensibles en étudiant l'influence de températures inférieures. Les analyses montrent des écarts non significatifs entre 200°C et 250°C pour l'isoprène (coefficient de variation = 3%). D'autre part, pour le 1,3,5-triméthylbenzène, nous remarquons un gain en aire de pic de 10% entre 200°C et 250°C. En conséquence, la température de thermodésorption a été fixée à 250°C pendant 5 minutes.

o *Température de cryofocalisation*

Le piégeage cryogénique consiste à passer l'échantillon dans un piège refroidi à basse température provoquant la condensation brutale des molécules gazeuses. La cryofocalisation est réalisée pour concentrer les composés les plus volatils. La température a une influence significative sur la capacité de récupération des composés au cours de la désorption primaire. Des analyses à des températures de -50°C, -75°C et -100°C ont été menées. Le Tableau II-3 montre l'influence de la température sur la cryofocalisation de l'échantillon. Une augmentation de l'ordre de 75% a été observée entre -50°C et -100°C pour tous les composés. Entre- 75°C et -100°C, un gain de 50% a été observé pour les composés en C5. Pour des composés plus lourds (> C6), aucune amélioration significative était perceptible entre -75°C et -100°C (variations <5%). Par conséquent, la température de cryofocalisation a été fixée à la valeur optimale de -100°C.

o *Désorption secondaire (injection thermique)*

Une fois les composés condensés par piégeage cryogénique dans l'injecteur PTV, le chauffage du piège entraîne leur volatilisation et permet leur injection dans le système chromatographique. Le piège PTV est chauffé à 250°C pendant 2 minutes; les composés sont ainsi injectés dans la colonne chromatographique.

La division de l'échantillon (ou split) à l'injection est souvent nécessaire afin de ne pas surcharger la colonne capillaire. Une partie du volume est rejetée à un débit donné (débit de split). Cette division doit autoriser des limites de détection acceptables, et augmenter la vitesse d'injection de composés et, par conséquent, améliore la résolution des pics. Des analyses à des valeurs de débit de split de 5,

2 et 1 mL/min ont été conduites pour notre étude. La résolution entre les pics (R) a été calculée pour chaque débit de split en tenant compte de temps de rétention et la largeur de base du pic [46]. Une valeur de R $\geq$ 1 est généralement recommandée pour une analyse qualitative et quantitative. L'injection à une valeur du débit de split de 1 mL/min a été retenue puisque la résolution des pics (R>1) n'est pas affectée et que la quantité injectée est maximale. Les conditions analytiques adoptées sont présentées dans le Tableau II-4.

Tableau II- 4 : Conditions analytiques optimisées pour le TDAS et la GC-MS

Paramètres TDAS	
Température TDAS	250°C
Temps de thermodesorption	5 min
Température de désorption	250°C
Température de cryofocalsiation	-100°C
Liquide de cryofocalsiation	N_2 Liquide
Chauffage de l'injecteur PTV	200°C/min
Temps de chauffage du PTV	2 min
Paramètres GC-MS	
Colonne	CP-Sil porabond Q (25 m x 0,25 mm ; 3µm)
Programme de température du four	50°C hold 5 min, 5°C/s to 150°C , 15 C/s to 200°C, 10°C/s to 250°C hold to 50 min
Temps d'injection	2 min
Rapport de split	50:1 pendant 5 min, 1:1 pendant 2 min, 10:1 pendant 33 min
Débit de désorption	51 mL/min
Durée de cycle	50 minutes
Gaz vecteur	Helium (pureté : > 99,9999%)
Débit du gaz vecteur	constant à 1mL/min
Type d'ionisation	impact électronique
Masses visées	25-135 m/z
Température ligne de transfert du GC	250°C
Température de la trappe MS	150°C
Température du manifold	80°C
Impact Electronique	70eV
Courant	10 µA

2.3.5. Performances

2.3.5.1. Sélectivité

La GC-MS est une technique très sélective en raison d'une séparation chromatographique et d'une identification moléculaire par spectrométrie de masse. La colonne capillaire utilisée est une, CP-Sil Porabond Q, (25 m×0.25-mm, 3µm ; Varian). La programmation en température de four de la colonne a été réalisée de sorte à obtenir une résolution optimale. Les composés co-élués sont identifiés et quantifiés à l'aide de leurs ions caractéristiques grâce à la spectrométrie de masse. La séparation chromatographique est adéquate pour l'intégration fiable des surfaces de pic pour la plupart des composés (Figure II-14). Seuls le m-xylène et le p-xylène présentent des masses identiques et sont quantifiés ensemble (m + p xylènes).

2.3.5.2. Linéarité

La linéarité de la chaine de mesure est une donnée importante pour assurer une quantification exacte des concentrations. L'évaluation de la linéarité de notre chaine de mesure a été réalisée en utilisant le mélange de référence pour des quantités de HCNM allant de 0,1 à 40 ng/cartouche. Les résultats des analyses ont montrés que la chaine de mesure présente une réponse linéaire avec des valeurs des coefficients de détermination R ^{2} supérieures à 0,99 pour tous les composés (Annexe A, Figure A- 2).

2.3.5.3. Sensibilité

Les limites de détection (LD) et les limites de quantification (LQ) ont été calculées à partir de l'analyse de sept cartouches dopées. Les valeurs des LD et des LQ sont calculées respectivement comme étant égales à 3 fois et 10 fois le signal de bruit de fond moyen mesuré avant et après le temps de rétention du pic. Considérant les ions caractéristiques, les LD varient de 1 à 5 ppt et les LQ varient de 4 à 16 ppt selon les composés (Tableau II-3). Les LD sont en accord avec les valeurs de concentration attendues dans la troposphère à des altitudes élevées (Blake et al., 1997). L'instrumentation est donc suffisamment sensible pour assurer des mesures fiables dans des environnements atmosphériques non pollués.

2.3.5.4. Reproductibilité

L'évaluation de la reproductibilité de la chaine de mesure a été réalisée en effectuant des prélèvements répétés sur 7 cartouches d'absorbants dopées par le mélange standard NPL. L'écart type relatif (EC) varie de 9% à 24% avec une valeur moyenne de 14% (Tableau II-3). La reproductibilité pour la plupart des HCNM visés est inférieure à 18%, sauf pour le 1-pentène (24%). Ces valeurs répondent aux critères de l'EPA (qui recommande des valeurs ≤ 25%) montrant la bonne reproductibilité de la chaine de mesure.

2.3.5.5. Déploiement sur le terrain

o *Contrôle qualité du système analytique*

Les blancs de colonne sont vérifiés quotidiennement pour s'assurer du blanc analytique du système. En l'absence de toute injection, le bruit de fond doit être le plus faible possible et la présence d'impuretés doit être minimale. Toute perturbation ou détection d'impuretés sont traitée par un bleeding de la colonne et un « bake out » de la trappe d'ions du spectromètre de masse (250 ° C pendant 12 heures). Le protocole d'analyse comprend l'analyse d'un l'échantillon dopé par le mélange standard de référence entre chaque cinq échantillons analysés afin de s'assurer de la reproductibilité du système et de garantir une quantification précise.

103

o *Contrôle qualité durant les campagnes de mesures aéroportées*

Pour garantir des mesures de qualité, un procédé de contrôle qualité a été mis en place. Il concerne l'échantillonnage à bord, la qualité des cartouches et l'analyse.

o *Contrôle qualité à bord*

La ligne d'échantillonnage de l'avion est constituée d'un compresseur d'air (KNF, N834.3 ETP, 33L.m^{-1} à 1 bar) qui aspire l'air extérieur vers un manifold pressurisé. La veine de prélèvement est située sur une des fenêtres du fuselage de l'avion. AMOVOC ainsi que d'autres instruments de mesure de gaz trace collecte l'air à partir du manifold maintenu à une pression constante. Ce dernier est continuellement balayé, et le gaz sortant est rejeté à l'extérieur de la cabine. Au sol, la veine de prélèvement est balayée à contre-courant par l'air de la cabine filtré sur une cartouche de charbon actif. Avant l'échantillonnage, il est essentiel d'atteindre une température constante dans AMOVOC et de balayer la membrane Nafion. Par conséquent, AMOVOC est lancé 30-60 minutes avant le décollage.

Les conditions de prélèvement sont fixées à 10 minutes avec un débit constant de 200 mL.min-1 à. Les données concernant le temps, la position de la vanne, le débit d'air et la température sont contrôlées et enregistrées automatiquement sur l'ordinateur interne de AMOVOC.

o *Contrôle qualité pour les cartouches*

Blanc des cartouches: Le conditionnement et la régénération des cartouches consistent en leur balayage à haute température avec de l'air propre. Pour ce faire, un dispositif de conditionnement a été mis en place au laboratoire (Afonso et Fétéké, 2006). Le dispositif de conditionnement est un four chromatographique équipé d'aiguilles en inox (1/16"OD) balayées par de l'air propre généré par un purificateur d'air (CLAIND, Italie). La purification de l'air est basée sur un réacteur catalytique de platine/palladium avec un système de régulation en température. L'appareil dispose d'une capacité de quinze tubes de conditionnement. La température, le débit d'air et la durée ont été optimisés. Plusieurs températures (240, 280 et 320°C) et durées (2, 6 et 12 h) ont été testées. Les conditions optimales ont été fixées à 240 ° C avec un débit de 100 mL.min^{-1} pendant 12 heures. Dans ces conditions, les blancs de cartouches ont été évalués sur les vingt cartouches analysées. Les pourcentages de désorption sont de 100% pour tous les composés sauf pour le 2-méthylpentane (96%), l'octane (97%) et le toluène (99%). Ces résultats montrent que le blanc des cartouches présente une qualité satisfaisante pour l'utilisation sur le terrain. Il est à noter que, avant leur première utilisation, les cartouches sont également conditionnées. Sur le terrain, les blancs de cartouches sont quotidiennement vérifiés afin de s'assurer de la qualité et des conditions de stockage.

o *Manipulation des cartouches*

Un des enjeux majeurs est d'éviter la contamination ou la perte de l'échantillon pendant son transfert, depuis AMOVOC vers le système analytique mais aussi avant le prélèvement. Le montage/démontage des cartouches dans la vanne Valco sont systématiquement effectués dans des conditions propres afin d'empêcher la contamination des cartouches par l'air intérieur du laboratoire ou l'air de la zone aéroportuaire. Une boite à gant de dimensions (25 x 45 x 60 cm) en PVC balayée par un air inerte a été conçue et réalisée à cet effet (Figure II-17). La boîte est scellée par un joint torique (Viton) et équipée de gants en caoutchouc. Après chaque vol, la vanne d'échantillonnage reliée aux tubes est retirée de AMOVOC et placée dans la boîte à gants. Les cartouches sont alors retirées de la vanne, encapsulées (bouchon pré-percé en PTFE, septum et capsule) et serties pour les isoler de l'air extérieur. Les cartouches scellées sont retirées de la boîte à gants et stockées à +4 ° C en vue de leur analyse. Ainsi, les échantillons collectés sont exempts de toute contamination.

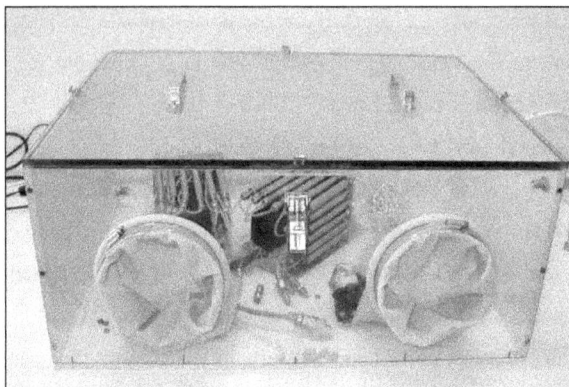

Figure II- 17 : La boite à gants

2.3.6. Conservation des cartouches

La stabilité des échantillons durant le stockage a été étudiée en analysant les cartouches dopées le même jour avec le mélange NPL de gaz étalon. Les cartouches ont été conservées pour des analyses à des intervalles de temps différents sur une période de stockage allant jusqu'à trois mois. Les pertes durant le stockage ont été évaluées en comparant les aires de pics à t0, t0+2mois et t0+3 mois (Figure II-18). Les variations des valeurs des aires de pic pour tous les composés ne sont pas significatives après une période de stockage de 3 mois. Les valeurs des variations en aire de pic sont inférieures aux limites de reproductibilité du système. Ces résultats soulignent la grande stabilité des échantillons. Les résultats sont prometteurs puisqu'ils présentent des temps plus longs que ceux rapportés dans d'autres études similaires [Wu et al., 2004), 47, 48]. Ce résultat est très important surtout pour des campagnes de terrain intensives durant lesquelles un grand nombre d'échantillons sont recueillis.

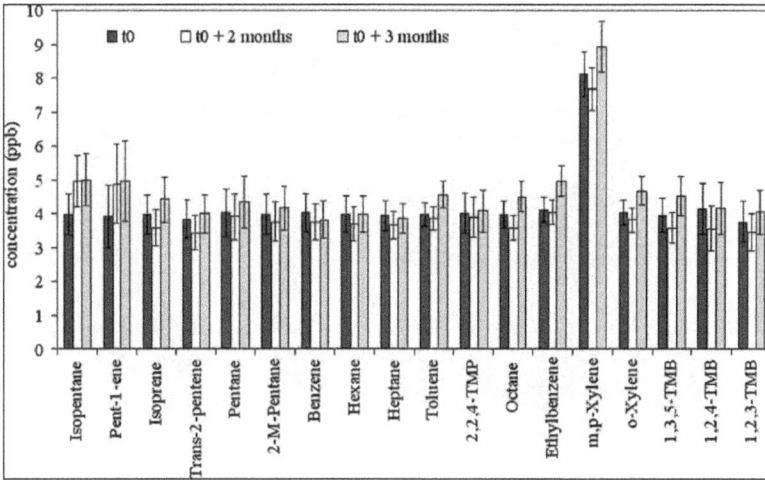

Figure II- 18 : Evaluation des temps de conservation des cartouches

2.4. Conclusions

Une nouvelle chaîne de mesure a été développée par le LISA et permet la mesure des COV. La chaine de mesure consiste en un préleveur AMOVOC couplé à divers systèmes analytiques (GC-MS et HPLC). Elle est aujourd'hui opérationnelle et a montré sa grande fiabilité. AMOVOC comprend deux modules de prélèvements qui permettent la mesure simultanée des HCNM et des COV carbonylés. Disponible en plusieurs exemplaires, AMOVOC peut être déployé simultanément sur plusieurs plateformes aéroportées. Il permet d'obtenir des mesures sur toute la colonne troposphère allant jusqu'à 12 km d'altitude. La mesure des HCNM s'effectue par prélèvement sur cartouches d'adsorbants solides suivi d'analyse par TDAS/GC-MS. La mesure des COV carbonylées s'effectue sur support liquide couplé à une analyse par HPLC. Actuellement, la technique a été optimisée pour la mesure du formaldéhyde. Les performances de AMOVOC apparaissent dans sa compacité et sa consommation électrique modérée, critères très importants pour les instruments avionisables.

Figure II- 19 : Photographie de la veine de prélèvement de l'ATR-42 (gauche) et de
AMOVOC embarqué sur la baie chimique de l'ATR-42 (droite) durant la campagne AMMA

AMOVOC a été développé pour les mesures aéroportées mais il est tout à fait envisageable de pouvoir le déployer au sol. La méthode analytique a été développée et appliquée pour la mesure d'une quinzaine de HCNM. Les conditions de prélèvements en ce qui concerne le temps, la température, le débit ont été optimisés. Elles présentent une grande linéarité et une sensibilité élevée. Elle permet la mesure de composés avec une limite de détection inférieure à 10 ppt et une précision de 14 %. Le système analytique GC-MS adopté présente l'avantage d'une plus grande spécificité par rapport à d'autres méthodes couramment utilisé comme le PTR-MS. Aujourd'hui, ces différentes techniques sont complémentaires pour balayer la plus large gamme de composés mesurés avec une fréquence de mesure et une spécificité satisfaisantes. L'effet de l'humidité et l'efficacité de l'assèchement de l'échantillon avant le prélèvement par une membrane Nafion ont été testés. Les tests de stockage des cartouches à 4°C ont montré une bonne conservation des échantillons jusqu'à trois mois après les prélèvements. Aussi, un protocole « assurance – qualité » a été mis en place pour assurer des mesures de qualité exemptes de toute contamination. Il vise les étapes depuis la préparation des cartouches, puis le prélèvement à bord, le transfert de l'échantillon et enfin l'analyse au laboratoire. Les résultats associés au premier déploiement de la chaîne de mesure sur l'ATR-42 et le F-F20 durant AMMA attestent de la performance de cette instrumentation à la mesure des COV sur toute la colonne troposphérique.

Partie III Résultats

111

Cette troisième et dernière partie a comme objectif de caractériser et d'évaluer l'impact de la convection nuageuse profonde sur la redistribution des composés gazeux dans la haute troposphère tropicale avec un éclairage particulier sur le rôle des COV. Sur la base des observations recueillies pendant la période d'observations spéciale (SOP 2a2) de la campagne AMMA de l'été 2006, et notamment les données de concentrations en COV collectées par l'instrumentation embarquée AMOVOC, notre démarche a consisté en la mise en œuvre d'outils diagnostiques de traitement des données et de la modélisation photochimique 0D.

La section 1 présente la base de données nouvellement constituée à l'issue de la SOP 2a2.

Dans la section 2, l'analyse descriptive de la distribution de traceurs chimiques (ozone et CO) et physiques (humidité relative, RH) a été menée afin de rendre compte des facteurs contrôlant leur distribution.

La section 3 présente la caractérisation de l'impact du transport convectif pour les COV par la mise en œuvre de divers outils diagnostiques qui ont été adaptés au jeu de données. Ce travail a fait l'objet d'un article publié dans Atmospheric Chemistry and Physics Discussions et intitulé «Evidence of the impact of deep convection on reactive Volatile Organic Compounds in the upper tropical troposphere during the AMMA experiment in West Africa».

La section 4 propose une évaluation de l'impact de la convection nuageuse profonde sur la production d'ozone dans la haute troposphère tropicale. Pour ce faire, un modèle de boite 0D a été utilisé pour simuler l'évolution de la composition chimique des masses d'air de l'enclume des systèmes convectifs les jours suivants son passage dans la haute troposphère. Des études de sensibilité de la production d'ozone aux NOx et aux COV ont été également effectuées.

1. Constitution d'une base de données « chimie » pour l'Afrique de l'Ouest

Deux cents cartouches d'adsorbants solides carbonés dédiées à la collecte des HCNM ont été analysées au laboratoire après la campagne. A l'issu de ces analyses, 84 % des données obtenues se sont révélées utilisables. Quinze HCNM des composés ciblés ont été quantifiés et pris en compte dans le reste de l'étude. Seules 5 % des données recueillies présentaient des concentrations inférieures aux limites de détection de l'instrument.

La recherche d'autres espèces, révélées par la présence de pics additionnels sur les chromatogrammes a été menée de manière qualitative, à l'aide des ions spécifiques, pour essayer d'identifier des composés d'intérêt susceptibles d'être présents dans l'environnement exploré tels le DMS (sulfure de diméthyle), traceur des émissions marines ou des composés halogénés. Cette recherche n'a pas montré la présence de pics additionnels significatifs et systématiques. Elle n'a donc pas été approfondie dans le cadre de cette étude.

Deux chromatogrammes types issus des analyses d'échantillon d'air ambiant prélevés durant AMMA à bord du F-F20 et de l'ATR-42 sont illustrés sur les figures III- 1 et III- 2.

A cette base de données, nous avons associé les mesures de deux espèces photooxydantes clés : le CO et l'ozone, effectuées à bord des deux avions ainsi que les principaux paramètres mesurés tels que l'humidité relative (RH), la température et la position de l'avion (latitude, longitude, altitude).

Les observations collectées durant cette campagne constituent une base de données conséquente et unique pour l'Afrique de l'Ouest.

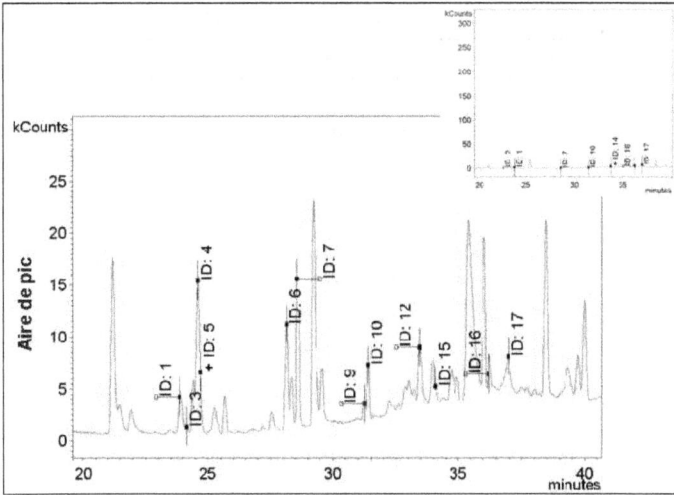

Figure III- 1 : Exemple d'un chromatogramme issu de l'analyse d'un échantillon prélevé sur le F-F20 le 15 août 2006 au cours du vol FV51. Les numéros correspondants figurent dans le tableau III- 1.

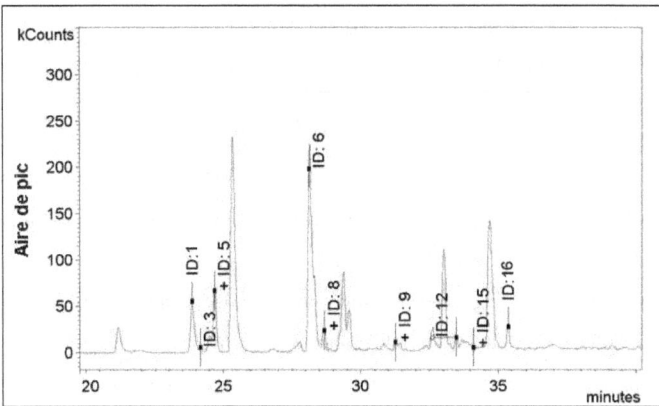

Figure III- 2 : Exemple d'un chromatogramme issu de l'analyse d'un échantillon prélevé sur l'ATR-42 le 13 août 2006 au cours du vol AV51. Les numéros correspondants figurent dans le tableau III- 1.

Tableau III- 1 : Liste des composés ciblés

ID	Composé
1	Isopentane
2	Pent-1-ène (non quantifié)
3	Isoprène
4	Trans-2-pentène
5	Pentane
6	2-Méthylpentane (non quantifié)
7	Benzène
8	Hexane
9	Heptane
10	Toluène
11	2,2,4-Triméthylpentane (2,2,4-TMP) (non quantifié)
12	Octane
13	Ethylbenzène
14	m,p-Xylène
15	o-Xylène
16	1,3,5-Triméthylbenzène (1,3,5-TMB)
17	1,2,4-Triméthylbenzène (1,2,4-TMB)
18	1,2,3-Triméthylbenzène (1,2,3-TMB)

2. Caractérisation physico-chimique du domaine

Avant de caractériser l'impact de la convection nuageuse profonde sur les COV, il est important de rendre compte des facteurs gouvernants la variabilité des concentrations (sources, transport à longue distance, convection). Pour cela, la distribution de trois traceurs physico-chimiques collectés à haute fréquence a été examinée : l'humidité, le monoxyde de carbone et l'ozone.

L'humidité est un bon indicateur de la nature des masses d'air (marine ou sahélienne) et de la localisation des nuages (type convectif). Produit des combustions incomplètes, le CO est d'une part un traceur efficace de l'influence des émissions anthropiques et des feux de biomasse comme déjà mentionné dans la section I-1. Grâce à sa stabilité et à son temps de vie relativement long (de l'ordre du mois), le CO est d'autre part un bon traceur du transport longue distance de masses d'air influencé par ces mêmes émissions. L'ozone est photochimiquement produit dans la troposphère à partir des NOx et des COV. Il a un temps de vie de quelques heures à quelques jours. Il est un indicateur de l'intensité des processus secondaires. Les distributions de ces trois traceurs ont été suivies sur tous les vols à bord des deux avions. Elles permettent de décrire la stratification verticale des différentes couches et les zones caractéristiques de la région puisque la circulation de la mousson africaine est associée à plusieurs champs de vents que sont le flux de mousson et le flux d'Harmattan dans les basses couches, le Jet d'Est Africain (JEA) dans la troposphère moyenne, le Jet d'Est Tropical (TEJ) dans la haute troposphère.

2.1. Humidité

La distribution de l'humidité relative (RH) (Figure III- 3) rend compte d'une zone sèche au nord de Niamey (13,51°N – 2,11°E) qui correspond à la zone sahélienne (> 13°N) avec des valeurs de RH d'environ 40 %.

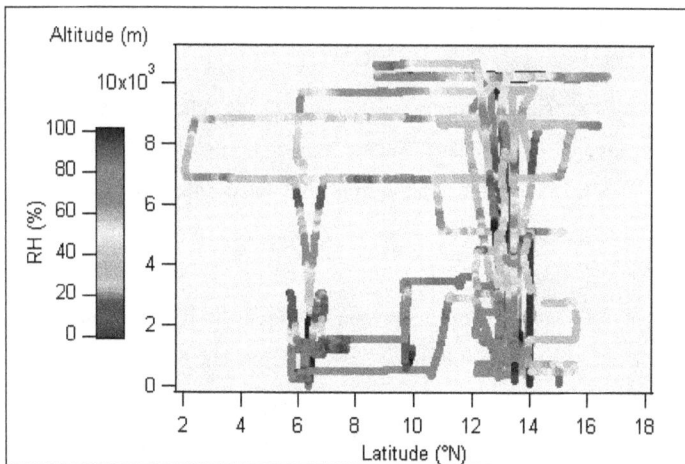

Figure III- 3 : Distribution 2D verticale (latitude-altitude) de l'humidité relative (RH) tous vols considérés

Dans les basses couches (0 – 2 km), les valeurs de RH proches de la saturation (100 %) rendent compte d'une zone très humide, au-dessus des régions couvertes de végétation (12 - 6°N). Cette région est très influencée par le flux de mousson très chargé en humidité.

Avec l'altitude, RH diminue pour atteindre des valeurs de 20 % à 9 km d'altitude. En revanche, on peut rencontrer des couches très humides avec des valeurs de RH proches de 100 % à 12 km d'altitude. Ceci peut être une signature probable du transport convectif depuis les basses couches de masses d'air chargées en humidité et de la présence de nuages.

2.2. Le monoxyde de carbone

Le CO présente un niveau de fond troposphérique moyen de 120 ppb sur le domaine exploré. Ses concentrations présentent une variabilité nord-sud marquée dans les basses couches (Figure III- 4). Au-dessus de la région sahélienne (> 13°N), les concentrations en CO sont faibles autour de 100 ppb en moyenne. Ses concentrations sont plus importantes au-dessus des régions couvertes de végétation (12 – 6°N) et augmentent jusqu'à 140 ppb. Les concentrations maximales, jusqu'à 200 ppb, ont été relevées à proximité des deux sites urbains du domaine, Niamey et Cotonou (6,3°N – 2,4°E). Le CO présente, comme l'humidité relative, un gradient négatif avec l'altitude. Ses concentrations diminuent pour atteindre 80 ppb dans la moyenne troposphère, jusqu'à 9 km d'altitude. Dans la haute troposphère, des masses d'air chargées en CO ont été explorées avec des concentrations en CO pouvant atteindre 200 ppb. Ces valeurs sont du même ordre de grandeur que les concentrations rencontrées dans les basses couches, à proximité des sites urbains. Ceci constitue une signature du transport à longue distance des masses d'air advectées par le TEJ et influencées par les feux de biomasses depuis l'hémisphère Sud comme c'est le cas de masses d'air croisées au cours du vol

FV54 le 19 août 2006 au-dessus de Cotonou (Mari et al., 2008) mais aussi du transport convectif vertical de masses d'air chargées en CO depuis la surface.

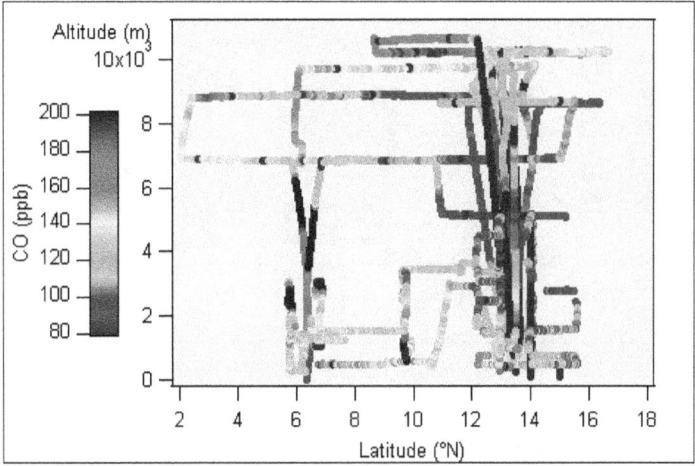

Figure III- 4 : Distribution 2D verticale (latitude-altitude) de CO tous vols considérés

2.3. L'ozone

L'ozone présente un niveau de fond troposphérique moyen sur tout le domaine de 40 ppb (Figure III- 5). Ses concentrations présentent une grande variabilité dans les basses couches (0 - 2 km). Les concentrations minimales d'ozone sont relevées au-dessus de la savane et la forêt (12 - 6°N) avec des valeurs moyennes faibles de 20 ppb. Nous avons attribué cette diminution à ses puits majoritaires : dépôt sur la végétation et dépôt. Ses concentrations sont supérieures mais restent modérées aux environs des deux grandes zones urbaines de Niamey et Cotonou, autour de 35 ppb, signe d'une production d'ozone à proximité des zones d'émission de précurseurs gazeux. Au-dessus de la région sahélienne (> 13°N), ses concentrations sont autour de 40 à 50 ppb.

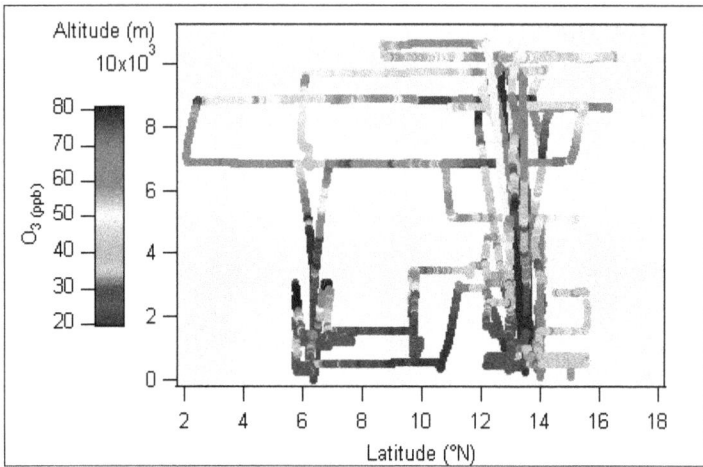

Figure III- 5 : Distribution 2D verticale (latitude-altitude) de l'ozone tous vols considérés

Avec l'altitude, l'ozone, contrairement à l'humidité relative et au CO, présente un gradient positif de concentrations. Dans la moyenne troposphère, des concentrations élevées sont mesurées dans des masses d'air au-dessus de Cotonou. Ces masses d'air sont attribuées à des panaches de feux de biomasses comme le montrent Mari et al. (2008) et Thouret et al. (2009). Dans la haute troposphère, les concentrations en ozone augmentent pour atteindre 80 ppb A 12 km d'altitude, des masses d'air pauvres en ozone avec des valeurs d'environ 50 ppb sont rencontrées. Ces observations constitueraient la signature du transport convectif de masses d'air pauvres en ozone et leur injection dans la haute troposphère.

2.4. Conclusions

L'analyse descriptive de la distribution de l'humidité relative, du CO et de l'ozone sur le domaine d'étude (section III- 2) a permis de mettre en évidence les nombreux facteurs qui gouvernent potentiellement leur variabilité et notamment :

o l'état de surface (zone sahélienne, forêt tropicale, zones urbaines de Niamey et Cotonou)

o le transport à longue distance de masses d'air influencées par les feux de biomasse

o le transport convectif.

Afin de caractériser l'impact de la convection nuageuse profonde sur les COV, l'objectif étant d'investiguer le rôle du transport convectif sur la capacité oxydante de l'atmosphère, il était indispensable de sélectionner les évènements pertinents et donc d'établir une classification des masses d'air pour distinguer les situations perturbées par la convection de celles qui ne le sont pas.

3. Caractérisation et évaluation de l'impact du transport convectif de COV

3.1. Objectifs

Les objectifs de ce travail sont :

(i)   de caractériser la distribution des concentrations en COV sur le domaine d'étude

(ii)   de déterminer l'impact de la convection nuageuse profonde sur les COV dans la haute troposphère tropicale

(iii)   d'en caractériser l'extension spatio-temporelle

3.2. Résultats (Bechara et al., 2009)

Cette étude a fait l'objet d'une publication dans Atmospheric Chemistry and Physics Discussion intitulée « Evidence of the impact of deep convection on reactive Volatile Organic Compounds in the upper tropical troposphere during the AMMA experiment in West Africa ». Les résultats pour une sélection de composés sont reportés ci-dessous, le reste des graphiques figure en annexe (B).

3.2.1. Distribution des HCNM

Pendant AMMA, des échantillons d'air ont été collectés sur toute la colonne troposphérique depuis la surface jusqu'à 12 km d'altitude. 18 HCNM (allant des C5 aux C9) comprenant des alcanes, des alcènes et des composés aromatiques ont été identifiés et quantifiés. Les composés identifiés couvrent trois classes de réactivité (Carter, 1994). Les composés les plus réactifs (par rapport au radical OH) ayant des temps de vie courts (<1 journée) sont l'isoprène, les pentènes, les xylènes et les triméthylbenzènes. Le temps de vie de ces composés est surtout régi par la photochimie. Les composés à temps de vie intermédiaire (de 1 à 3 jours) sont les alcanes en C5-C8, le toluène et l'éthylbenzène. Ces composés peuvent participer à la photochimie et être transporter par les masses d'air. Le composé le moins réactif à temps de vie relativement long (> 3 jours) est le benzène (temps de vie de 9 jours). Sa concentration est principalement contrôlée par le mélange et le transport. Les concentrations des hydrocarbures en C5-C9 observés varient de 1,26 ppb (pour l'isoprène à proximité du sol) à des valeurs en-dessous des limites de détection (1-5 ppt). Les HCNM les plus abondants et leurs concentrations moyennes sont: l'isoprène (0,17 ppb), le toluène (0,16 ppb) et l'hexane (0,13 ppb) dans la basse troposphère ; l'éthylbenzène (0,18 ppb), hexane (0,13 ppb) et le toluène (0,13 ppt) dans la haute troposphère. Seul 5% des échantillons prélevés présentent des valeurs de concentrations inférieures aux limites de détection.

3.2.1.1. Distribution latitudinale des HCNM - Influence de la couverture de surface

La Figure III- 6 illustre la variabilité nord-sud de certains composés biogéniques (isoprène) et anthropiques (le trans-2-pentène étant le plus réactif des HCNM mesurés et le benzène étant le moins réactif ; Carter, 1994). L'impact de la couverture de surface sur la variabilité du rapport de mélange des HCNM est déterminée par en considérant les données collectées à des altitudes inférieures à

2 km. Les rapports de mélange et écarts-types correspondants sont reportes par tranche de 1° de latitude et sont présentés dans la Figure III- 6.

Le nombre d'échantillons par tranche de latitude varie entre 1 (à 7°N) et 32 (à 12°N). L'écart-type rend alors compte de la variabilité des concentrations ainsi que du nombre d'échantillons prélevés. Les composés biogénique et anthropiques montrent une variabilité inverse en raison de caractéristiques de surface. Les concentrations d'isoprène sont à un niveau constant (environ 0,20 ppb) entre 14 et 11° N. Ensuite, ils montrent une nette augmentation entre 11 et 7° N (environ 0,40 ppb) au-dessus des zones de végétation. Aux latitudes plus basses, autour de Cotonou (6,3°N) et au-dessus de l'océan, les niveaux d'isoprène diminuent à moins de 0,10 ppb entre 7 et 5°N. Cette tendance montre clairement que la distribution de l'isoprène, composé biogénique, est modulée par le gradient de végétation observée en Afrique de l'Ouest. Les composes anthropiques présentent les concentrations les plus élevées (environ 0,11 ppb pour le benzène et 0,05 ppb pour le trans-2-pentène), près de sites urbains (Cotonou à 6,3°N et Niamey à 13,5°N).

Les concentrations moyennes diminuent au-dessus de la forêt entre 11 et 7°N atteignant environ 0,06 ppb pour le benzène et 0,02 ppb pour le trans-2-pentène. La diminution des concentrations du trans-2-pentène est plus prononcée que celle du benzène en raison de sa plus grande réactivité. Cela montre que le contenu de la basse troposphère est étroitement lié à la couverture de surface. La couverture de surface très hétérogène en Afrique de l'Ouest est un facteur clé qui influence les gradients de concentration de HCNM.

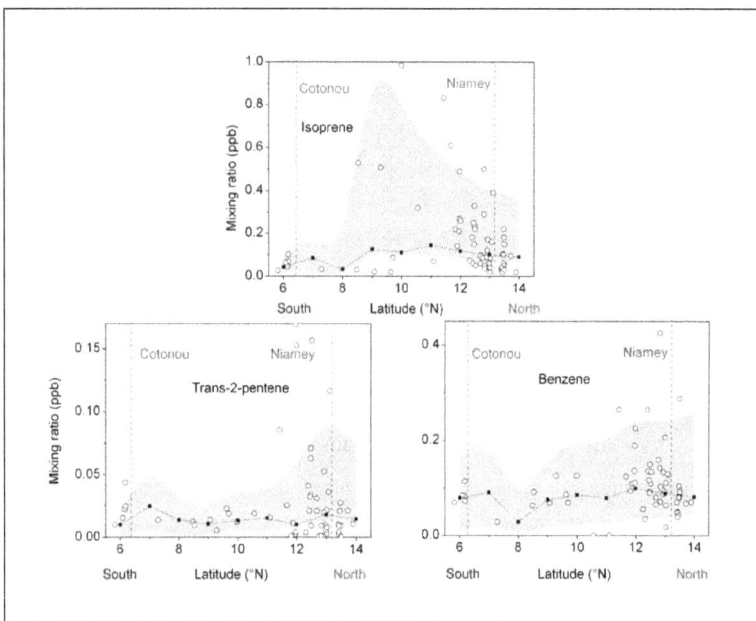

Figure III- 6 : Profils de variabilité latitudinaux des HCNM biogéniques et anthropiques dans la BT (<2 km). Les échantillons sont prélevés à bord de l'ATR-42. Le graphe du haut montre l'isoprène, le graphe du bas de gauche montre le trans-2-pentène et celui de droite montre le benzène. Les cercles blancs désignent toutes les observations, les points noirs la valeur moyenne dans chacune des tranches de 1° de latitude. L'aire grise représente les écarts-types.

3.2.1.2. Profiles verticaux des HCNM

Les profils verticaux des différents HCNM caractéristiques sont tracés dans la Figure III- 7. Toutes les observations ainsi que les valeurs moyennes par tranches de 1 km d'altitude sont représentées. Le nombre d'échantillons dans chaque tranche d'altitude varie entre 4 et 51. La concentration moyenne et l'écart type correspondant à chaque tranche d'altitude sont calculés en utilisant la distribution log-normale. L'amplitude de l'écart-type reflète la variabilité et le nombre d'échantillons prélevés dans chaque tranche d'altitude. Les concentrations mesurées jusqu'à 2 km d'altitude montrent une grande variabilité illustrant l'influence des émissions de surface (section 3.2.1.1). Aux altitudes moyennes, les concentrations diminuent avec l'altitude. Mais, le gradient vertical n'est pas du même ordre de grandeur et ne suit pas le même profile pour les différentes espèces. Les concentrations des composés avec une courte durée de vie diminuent avec l'altitude (exemple de l'isoprène et du trans-2-pentène). Les composés ayant des temps de vie relativement longs (de l'ordre de quelques jours) montrent un profil homogène sur la verticale (exemple du pentane, benzène, toluène, hexane à la Figure III- 7) montrant une colonne verticale bien mélangée et la redistribution des émissions de surface dans les couches supérieures.

Une couche distincte est détectée entre 3 et 4 km d'altitude. Dans cette couche, des concentrations importantes sont mesurées. À ce niveau, les masses d'air sont attribuées à AEJ (Jet d'Est Africain) transportant des masses d'air depuis l'Est (par exemple du Tchad ou du Soudan). Une autre couche distincte est rencontrée à environ 9 km d'altitude avec des concentrations élevées de pentane, benzène, toluène, hexane, octane, xylènes, éthylbenzène et triméthylbenzènes. Ces composés qui pourraient provenir des sources de combustion de biomasse (Hao et al., 1996 ; Karl et al., 2007) indiquent que des panaches de combustion de la biomasse ont été croisés autour de Cotonou le 19 Août 2006. Ces observations sont en accord avec les niveaux de CO élevés mesurés ce jour-là. (Mari et al., 2008 ; Ancellet et al., 2008.). Ces panaches proviennent de l'hémisphère sud, où les feux de biomasse sont intenses au cours de cette période.

Les échantillons collectés dans la haute troposphère (10-12 km), présentent des concentrations élevés même pour les composés ayant une courte durée de vie. Les distributions verticales des HCNM présentent un profile en "C" Ainsi, l'isoprène composé très réactif est détecté à des concentrations atteignant 0,20 ppb à bord du F-F20 à 12 km d'altitude. Aussi, les composés aromatiques à courte durée (1,2,3-triméthylbenzène, Figure III- 7), présentent des concentrations élevées dans la haute troposphère comparables aux niveaux détectés aux basses altitudes. Un enrichissement supplémentaire des masses d'air de la haute troposphère a probablement eu lieu par le transport longue distance de masses d'air provenant de l'est comme l'indiquent les calculs de retro-trajectoires (Ancellet et al., 2008). Ces niveaux significatifs montrent que les MCS influencent la composition en HCNM de la troposphère libre de façon significative.

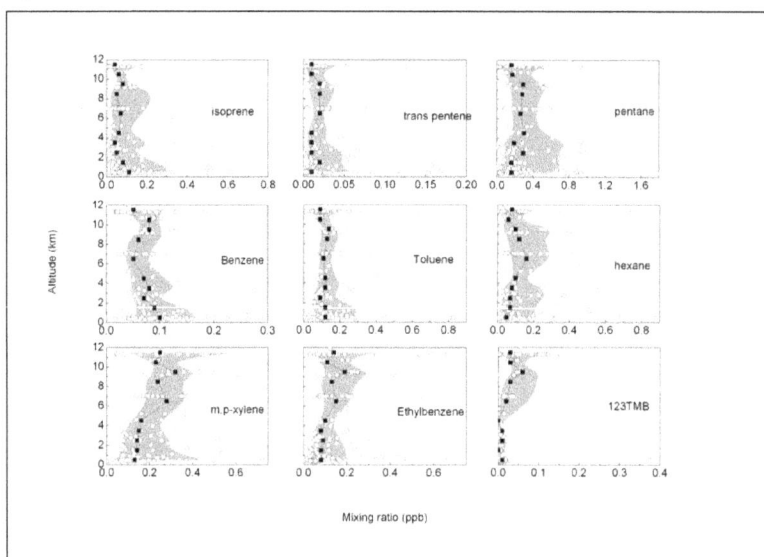

Figure III- 7 : Profils verticaux des HCNM tracés à partir des données collectées sur l'ATR-42 et le F-F20. Les cercles blancs représentent toutes les observations, les points noirs les moyennes sur des tranches d'altitude de 1 km et l'aire grisée les écarts-types.

En fait, la troposphère tropicale est fréquemment influencées par la convection nuageuse profonde, transportant des niveaux importants d'espèces réactives émises à la surface jusqu'aux couches supérieures. Enfin, l'analyse des profils verticaux des HCNM met en évidence les différents facteurs qui influencent leur distribution en Afrique de l'ouest: réactions chimiques, transport longue distance de masses d'air pollué, la convection nuageuse profonde et l'intrusion de panaches impactés par les feux de biomasse.

3.2.2. Indicateurs de convection

Les masses d'air échantillonnées dans la haute troposphère ont des origines différentes (transport convectif, feux de biomasse ou de transport longue distance), cela a une incidence sur la variabilité des concentrations des composés (3.2.1). La classification des masses d'air est une étape essentielle afin d'établir une distinction entre les conditions perturbées par la convection de celles non perturbées par la convection. Pour ce faire, une approche par multiples traceurs chimiques et physiques a été adoptée à l'aide des mesures de CO, O_3 et RH comme indicateurs. Les critères de sélection de traceurs sont: (i) une fréquence de mesure rapide (1 - 30 s) et (ii) un temps de vie atmosphérique plus long que celui des MCS (2 mois pour le CO et plusieurs jours pour l'O_3) (Dickerson et al., 1987; Dessler, 2002; Folkins et al., 2002; Lawrence et Salzmann, 2008).

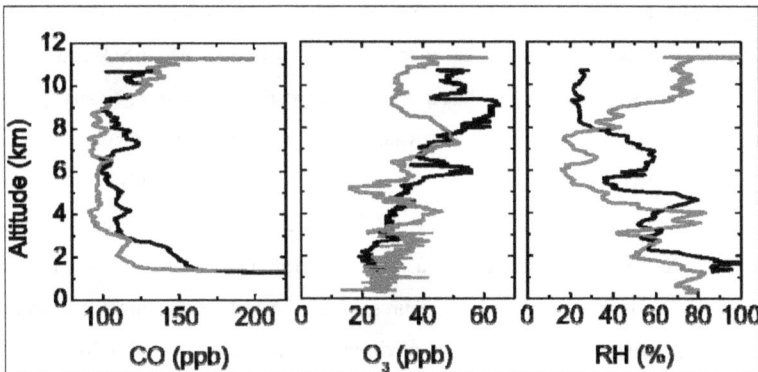

Figure III- 8 : Profils verticaux de CO, O_3 et RH utilisés comme indicateurs de convection. Les profils en noir (vol du 13 Août) illustrent la variation typique dans des conditions non-convectives ; ceux en rouges (vol du 14 Août) dans des conditions convectives.

Les observations intégrales de CO, O_3 et RH recueillies au cours de tous les déploiements de l'ATR-42 et le F-F20 sont présentées et discutées en détail dans Reeves et al. (2010) et Ancellet et al., (2008). Ici, seules les caractéristiques moyennes sont décrites. Le CO est produit principalement par combustion incomplète dans les zones urbaines et par les émissions des feux de biomasse. Son puits majeur est la réaction avec OH, suivi par le dépôt (Hauglustaine et al., 1998 ; Granier et al., 2000). Vu que le CO est détruit dans la troposphère, ses concentrations diminuent avec l'altitude. Dans les conditions de fond moyennes rencontrées au cours de la SOP 2a2, le CO présente des valeurs d'environ 120 ± 18 ppb dans la basse troposphère et ses concentrations augmentent à environ 200 ppb au-dessus des deux principales villes (Niamey, Cotonou) (Figure III- 8). Dans les couches supérieures (4-12 km), CO diminue progressivement pour atteindre 100 ± 10 ppb.

L'ozone troposphérique est produit in-situ par photochimie en présence de NOx, de COV et de CO et, dans une moindre mesure, arrive dans la troposphère en raison des intrusions de la stratosphérique. Le puits majeur de l'O_3 est le dépôt. En conséquence, O_3 augmentent avec l'altitude. Au cours de la SOP 2a2, les concentrations moyennes d'O_3 dans la basse troposphère montrent relativement peu de variation et présentent des valeurs de 30 ± 10 ppb. Les plus basses concentrations (20 ppb) ont été détectées au-dessus de la forêt (7-11°N) où le dépôt de l'ozone est plus important dû à la végétation. Les valeurs les plus élevées (70 ppb) ont été détectées à proximité des sites urbains de Niamey et Cotonou. Dans les couches supérieures (2-12 km), l'ozone augmente avec l'altitude pour atteindre 60 ppb et montre une forte variabilité avec l'altitude.

La vapeur d'eau (RH) donne des renseignements sur la localisation du nuage. Dans des conditions moyennes, RH présente des valeurs élevées (70%) dans la basse troposphère en particulier au-dessus de la forêt tropicale influencée par le flux de mousson humide aux latitudes inferieures à 13°N. A des latitudes plus au nord, les masses d'air sont sèches (30%) en raison de la surface aride et de l'influence du Harmattan, vent chaud et sec. Avec l'altitude, les masses d'air s'assèchent jusqu'à atteindre des taux d'humidité de 20%.

Les conditions non-perturbées par la convection ont été rencontrées les 13 et 20 Août 2006 (Figure III- 8, courbes noires). Tout cas présentant des déviations concomitantes dans les profils verticaux des indicateurs par rapport à leurs profils moyens peut être considéré comme un cas perturbé par la convection (Fig. 4, courbes rouges). Le Tableau III-2 résume la variabilité des indicateurs de convection pour tous les vols du F-F20. Quatre cas de convection ont été identifiés, ils correspondent aux vols du 11, 14, 15 et 17 Août 2006. Des masses d'air influencées par des intrusions de panaches de feux de biomasse ont également été détectés par des taux élevés de CO sur les profils verticaux avec des concentrations allant jusqu'à 180 ppb à 9 km le 19 Août près de Cotonou (Ancellet et al., 2008). Ces augmentations sont accompagnées de l'augmentation des niveaux d'O_3 et une diminution de RH. L'utilisation de l'approche d'indicateurs multiples s'avère efficace pour une distinction entre les masses d'air perturbées par la convection de celles qui ne le sont pas (Tableau III-2).

Tableau III- 2 : Variabilités des indicateurs de convection variations pour les vols du F-F20. ↓ : diminution des concentrations ; ↑ : augmentation des concentrations

Date	#vol	Indicateurs de convection		
		O_3	CO	RH
11 août 2006	F V48	↓	↑	↑
13 août 2006	F V49	↑	↓	↓
14 août 2006	F V50	↓	↑	↑
15 août 2006	F V51	↓	↑	↑
17 août 2006	F V53	↓	↑	↑
19 août 2006	F V54	↑	↑	↓
19 août 2006	F V55	↑	↓	↓
20 août 2006	F V56	↑	↓	↓
21 août 2006	F V57	↑	↓	↓

129

3.2.3. HCNM dans la haute troposphère

3.2.3.1. Influence de la convection nuageuse profonde sur la distribution des composés dans la haute troposphère

Pour évaluer à l'impact des injections convectives sur la distribution des hydrocarbures non méthaniques dans la haute troposphère, nous avons examiné: (i) la distribution horizontale des HCNM, (ii) les concentrations totales des HCNM et (iii) la signature dans la haute troposphère des émissions de surface des HCNM, dans des conditions convectives vs. non-convectives.

i. La distribution horizontale des HCNM a été examinée dans la HT le long des trajectoires du F-F20 (Figure III- 9, exemple du MCS du 15 août 2006 pour le benzène, le toluène et l'isoprène). Les observations des HCNM sont moyennées sur 10 minutes. Nous avons superposés les points de mesure des HCNM sur le CO, O_3 et RH en raison de leur plus grande fréquence de mesure (1 s). Le CO montre un gradient longitudinal positif important dans l'enclume du MCS présentant une augmentation des concentrations allant jusqu'à 30%. Le gradient longitudinal moyen de CO pour les quatre MCS étudiés est de 13 ± 3 ppb.$°E^{-1}$ (il est par exemple de 20 ppb.$°E^{-1}$ pour le MCS du 15 Août dans la Figure III- 9). Les calculs des gradients sont basés sur les observations sur les 4 axes de vol effectués lors de l'exploration du MCS. Aucun gradient pour l'O_3 n'a été observé dans l'enclume, mais les concentrations de O_3 sont influencées par la position des nuages. Elles sont moins importantes dans l'enclume du système (environ 45 ppb) qu'à l'extérieur du MCS (environ 60 ppb) en raison de l'injection de masses d'air pauvres en O_3 et humides à partir de la basse troposphère. L'absence de tendance dans les observations de l'ozone souligne la double nature de la convection tropicale. L'impact de la convection sur la distribution de l'ozone montre une tendance négative localement, mais injecte dans la haute troposphère des précurseurs d'ozone qui vont conduire à une production différée d'ozone (Folkins et al., 2002). Les valeurs de RH sont également sensibles au passage des MCS. RH présente des valeurs plus élevées proches de la saturation à l'intérieur du MCS (> 80%). Les HCNM ne présentent pas de tendance particulière. Les valeurs des concentrations montrent une grande variabilité mais aucun sans gradient horizontal significatif.

ii. Bien que la distribution longitudinale des HCNM ne présentent pas de gradient net, le contenu total en hydrocarbures de la haute troposphère est clairement affectée par la convection par rapport aux conditions non-perturbées. Des boîtes à moustache représentant les données dans HT non-convective, dans la HT convective ainsi que les observations de la basse troposphère sont tracées à la Figure III- 10.

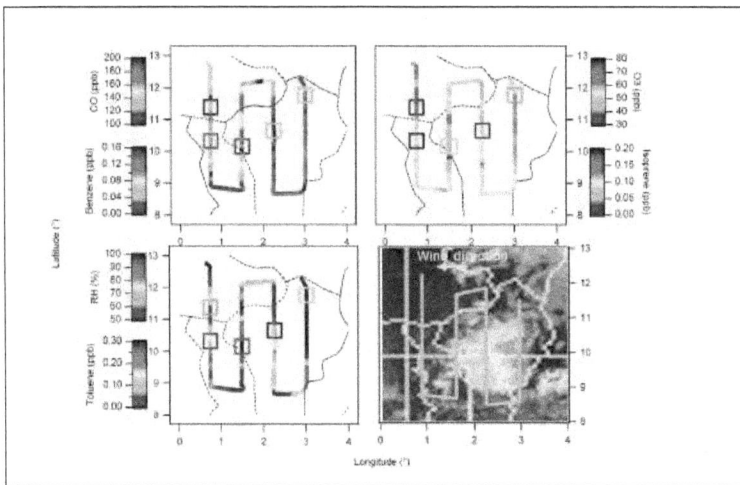

Figure III- 9 : Distribution latitude vs. longitude dans à 12 km d'altitude pour le CO (en haut à gauche), O_3 (en haut à droite), RH (en bas à gauche) en trait plein, et benzène (en haut à gauche), l'isoprène (en haut à droite) et le toluène (en bas à gauche) en carrés (l'emplacement des carrés correspond au milieu de la période d'échantillonnage de 10 min) , et les axes de vols de 30 minutes chaque, superposés à l'image satellite METEOSAT prise à 14:00 UTC (bas droite), pour le vol du 15 Août (12:35 UTC and 16:57 UTC)

Pour tous les HCNM, les observations dans les cas de convection montrent une dispersion plus importante des valeurs de concentrations et semblable à celle de la basse troposphère. Dans les cas non-convectifs, la distribution est moins dispersée. La moyenne des concentrations dans la HT peut doubler dans l'enclume des MCS par rapport aux concentrations dans les masses d'air non-perturbées. La variabilité des concentrations des HCNM est différente d'un composé à l'autre ainsi que d'un MCS à un autre illustrant l'hétérogénéité des systèmes convectifs d'une part et des temps de vie des HCNM d'autre part.

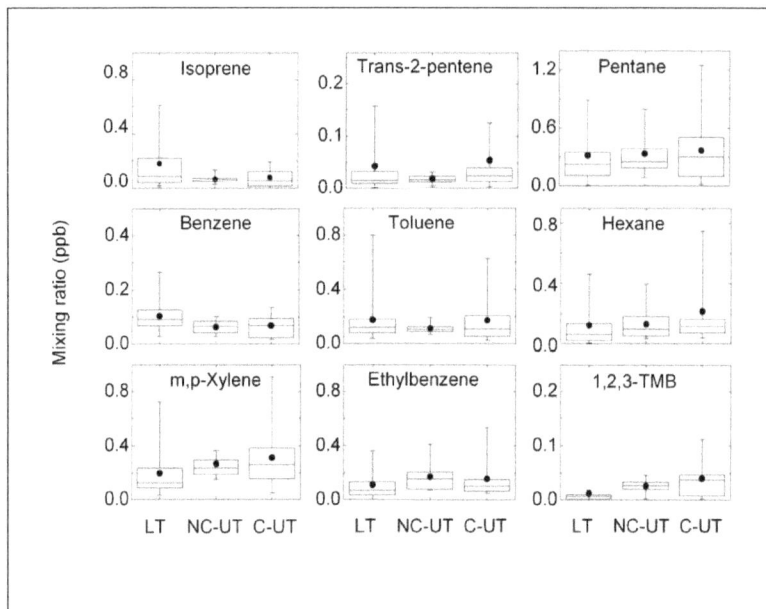

Figure III- 10 : Boite à moustaches représentant la variabilité des HCNM dans la BT (LT ; 94 points de données), dans la HT non convective (NC-UT ; 34 points) et dans la HT convective (C-UT ; 25 points). Les limites inférieures et supérieures des boîtes à moustache représentent les percentiles 25 et 75, les moustaches du bas et du haut 10 et 90. Le trait horizontal à l'intérieur de la boîte représente la médiane et le point noir la moyenne.

iii.   Les concentrations importantes des HCNM rencontrées dans la HT convective proviennent des émissions de surface. Puisque le gradient de végétation et la couverture de surface sont des facteurs essentiels qui régissent la distribution latitudinale des HCNM, nous avons étudié l'impact et l'influence des émissions de surface sur la composition des enclumes convectives. Les images satellitaires des MCS fournissent des informations sur la zone où le MCS a commencé à se développer ainsi que sa trajectoire avant d'être exploré. Les MCS ont une trajectoire d'est en ouest, la latitude à laquelle ils ont commencé à se développer (appelée ci-après « latitude zéro») donne une indication sur la nature de la surface parcourue et des sources d'émissions qu'il a traversé (Figure III- 6). Le 11 Août 2006, le MCS a commencé à se développer au-dessus du Nigéria au-dessus d'une végétation dense puis a traversé le Bénin avant d'être exploré autour de Niamey (FV48). Le 14 Août, le MCS a commencé à se développer à l'est de Niamey au-dessus du Sahel et s'est déplacé vers l'ouest de Niamey où il a été exploré (FV50). Le 15 Août, le MCS s'est développé au Bénin au-dessus de la forêt et a été exploré au sud de Niamey (FV51). Le 17 Août, le MCS a commencé à se développer au-dessus de la région sahélienne de l'Air située au nord de Niamey (FV53). Les concentrations moyennes de l'isoprène et du benzène mesurées dans l'enclume des MCS sont présentées à la Figure III- 11 en fonction de la latitude zéro. Les concentrations en isoprène montrent une variation exponentielle en fonction des caractéristiques de surface. Les deux MCS qui se sont développés au-dessus de la forêt (FV48 et FV51) présentent des teneurs en isoprène jusqu'à trois fois plus élevées que celles pour les MCS qui se sont développés au-dessus du Sahel (FV50 et FV53).

Une autre tendance est observée pour les composés anthropiques tels que le benzène. Les contenus moyens en benzène sont plutôt homogènes pour les 4 MCS. En effet, les zones urbaines, qui sont les principales sources de benzène sur le domaine exploré, sont limitées et situées à des endroits spécifiques (Niamey 13,51°N- 2,11°E, Cotonou 6,3°N-2,4°E, Lagos 6,4°N-3,4°E) tandis que la couverture végétale suit un gradient nord-sud. Ces observations mettent en évidence l'influence de sources de surface sur le contenu en HCNM de la HT en Afrique de l'ouest.

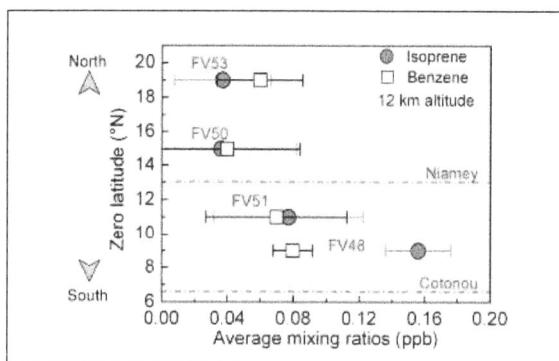

Figure III- 11 : Contenu moyen de la HT en isoprène (cercles) et benzène (carrés) en fonction de la latitude zéro pour les 4 vols (FV48 : 4 point ; FV50 : 4 points ; FV51 : 4 points ; FV53 : 5 points). Les barres représentent les écarts-types.

3.2.3.2. Photochimie vs. transport dans la HT en Afrique de l'Ouest

Etant des espèces réactives, les HCNM peuvent être utilisés comme traceurs du transport et de la photochimie régissant la variabilité de la distribution des gaz traces. En particulier, les rapports des HCNM ayant des sources communes et différentes durées de vie atmosphérique fournissent de plus amples informations sur l'âge, le vieillissement et la réactivité photochimique dans les masses d'air. Les rapports de concentrations des HCNM ad hoc sont des horloges photochimiques utiles pour suivre qualitativement le transport et le vieillissement des masses d'air (Borbon et al., 2004). Nous avons examiné les rapports trans-2-pentène/benzène et toluène/benzène pour les observations de la HT pour différencier les régimes contrôlant la distribution des HCNM.

ln trans-2-pentène/benzène vs. ln toluène/benzène ratios sont représentés sur la Figure III- 12. Le trans-2-pentène est l'un des HCNM mesurés les plus réactifs (durée de vie de quelques heures), le toluène est de réactivité moyenne (durée de vie de 2 jours), le benzène est le moins réactif (durée de vie de 9 jours). Le composé le moins réactif (benzène) étant au dénominateur, plus les masses d'air sont fraiches, plus le rapport est élevé.

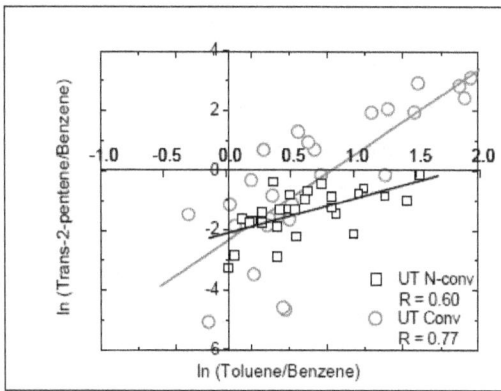

Figure III- 12 : Logarithmes népériens des rapports trans-2-pentène/benzène en fonction de toluène/benzène pour les observations dans la HT. Les valeurs sont représentées par des marqueurs noirs dans des conditions non-convectives et rouges dans des conditions convectives. Les lignes droites représentent les régressions linéaires pour chaque ensemble de données

La Figure III- 12 montre deux ensembles de points distincts selon si les observations ont été faites dans des conditions convectives (noir) ou pas (rouge). Une analyse de variance (ANOVA) montre que les deux ensembles de données sont statistiquement distincts puisque F = 4,852 > F_0 = 4,030. Chaque ensemble de points montre une linéarité avec des coefficients de corrélation de 0,60 et 0,77 respectivement. Les données dans les situations de non-convectives sont dispersées le long de l'axe toluène/benzène avec une pente de 1,16. Cela montre une activité photochimique de plusieurs jours. Ceci est en accord avec la composition de masses d'air âgées dans lesquelles les concentrations en trans-2-pentène sont petites et proches des limites de détection après plusieurs jours d'activité photochimique. Les données dans les situations convectives sont plus dispersées avec une plus grande variabilité le long de l'axe toluène/benzène ainsi que le long de l'axe trans-2-pentène/benzène qui représente la réactivité chimique dans les masses d'air fraiches. Les rapports de concentrations affichent des valeurs les plus élevées ainsi que la pente (2,87) illustrant l'injection dans l'enclume convective de masses d'air fraiches et son enrichissement par des espèces réactives tel que le trans-2-pentène. Les concentrations des HCNM dans la HT sont donc régies par deux régimes distincts qui sont affectés par les injections convectives. Le calcul de la pente théorique donne une valeur égale à 13 lorsque toutes les hypothèses sont prises en compte (pas de dilution ou de mélange, les rapports de concentrations ne sont régis que par la chimie avec OH). Comme les valeurs observées de la pente largement différentes de la valeur théorique, on en déduit que la dilution et le mélange ne peuvent être négligés. En outre, plus la valeur de la pente est petite, plus la masse d'air a subi une activité photochimique, et a été diluée et mélangée avec d'autres masses d'air de différents âges photochimiques. Malgré la complexité des différents processus dans la haute troposphère, les rapports des HCNM apportent une évaluation qualitative précieuse de l'activité photochimique et de la dynamique des masses d'air.

3.2.3.3. Impact de la convection nuageuse profonde sur la réactivité masse d'air

La réactivité par rapport à OH est utilisée pour évaluer la contribution des HCNM à l'activité photochimique des masses d'air. La réactivité par rapport à OH est aussi un indicateur de la contribution à la production photochimique d'ozone. Dans cette étude, la réactivité est calculée en se basant sur les mesures des HCNM effectuées à bord de l'ATR-42 et du F-F20. La réactivité spécifique de chaque composé ($R_{OH,\,i}$) est calculée en se basant sur l'équation ci-dessous:

$$R_{OH,\,i} = k_{OH,\,i}\,[HCNM_i]$$

où $k_{i,\,OH}$ est la vitesse de réaction par rapport à OH pour chaque composé (Atkinson, 2003; Atkinson et al., 2006) et calculée pour les températures de la BT et de la HT; $[HCNM_i]$ est la concentration du composé en question.

La réactivité totale ($R_{OH,\,totale}$) est basée sur la somme des réactivités spécifiques de chaque HCNM avec le radical OH selon l'équation ci-dessous pour un total de 15 composés. La réactivité calculée ici est donc la contribution des composés que nous avons mesurés, elle ne tient pas compte du méthane ou d'autres gaz réactifs non mesurés :

$$R_{OH,\,totale} = \sum R_{OH,\,i}$$

Cette approche donne une estimation de la contribution des HCNM mesurés sur la photochimie sans en expliquer leur chimie complète.

La réactivité totale des masses d'air calculée pour la HT pour les cas de convection est comparée à celle des masses d'air des cas non-convectifs et à celle de la BT (Fig. 10). Dans des conditions non-convectives, $R_{OH,\,HT}$ est de $0,52 \pm 0,21$ s^{-1}, elle augmente dans les conditions convectives jusqu'à $0,95 \pm 0,66$ s^{-1}. Ainsi, l'injection de composés réactifs dans la HT augmente la réactivité totale à hauteur de 40 %. Lors d'événements convectifs, la réactivité des masses d'air de la HT est comparable à celle de la BT estimée à $0,82 \pm 0,53$ s^{-1}.

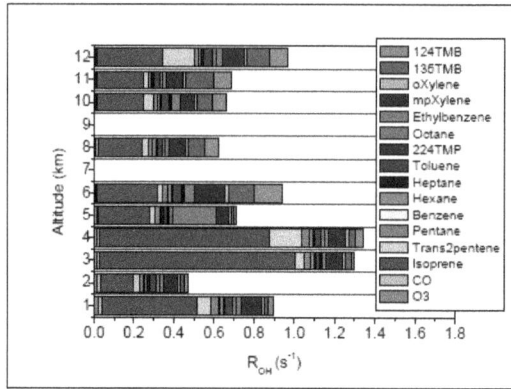

Figure III- 13 : Profils verticaux de la contribution d'O$_3$, de CO et des HCNM à la réactivité totale R$_{OH}$. Les moyennes sont calculées pour les tranches d'altitudes : 0-1 km (54 points), 1-2 km (18 points), 2-3 km (13 points), 3-4 km (9 points), 4-5 km (5 points), 5-6 km (3 points), 7-8 km (6 points), 9-10 km (12 points), 10 -11 km (5 points), 11-12 km (22 points).

La contribution relative à R$_{OH, \text{ totale}}$ de chacun des HCNM, ainsi que celle du CO et de l'O$_3$ est évaluée en fonction de l'altitude. Le profil vertical des contributions relatives à R$_{OH, \text{ totale}}$ est représenté dans la Figure III- 13. L'isoprène est le principal composé réagissant avec OH à toutes altitudes, fournissant ainsi la plus grande part de la réactivité totale qui est de 0,90 s^{-1} dans la BT (49%) et de 1,00 s^{-1} dans la HT (33%). La somme de contributions des autres HCNM est de 48% dans la BT et de 65% dans la HT. Comme attendu, O$_3$ et CO présentent une contribution négligeable (~3%). Ces résultats montrent que les HCNM jouent un rôle important sur la réactivité des masses d'air dans la haute troposphère tropicale ainsi que sur le potentiel photochimique de ces masses d'air de façon à induire des changements sur le bilan d'ozone.

Les valeurs de R$_{OH,UT}$ obtenues pendant la campagne AMMA est comparable à celles calculées par Mao et al. (2009) pour INTEX-B (HT aux latitudes moyennes : 1 s^{-1}). Néanmoins, le CO est de loin le principal contributeur à la

138

réactivité pendant INTEX-B à hauteur de 60% due à des conditions physico-chimiques et météorologiques différentes.

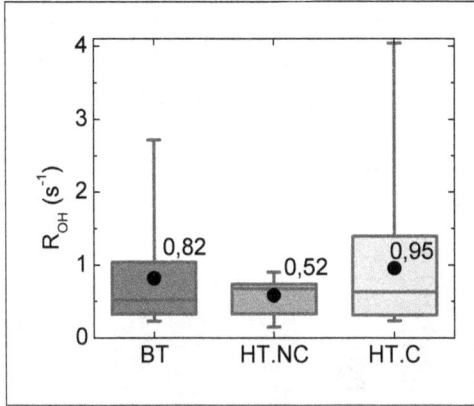

Figure III- 14 : Réactivité totale des HCNM par rapport à OH dans la basse troposphère (BT en rouge, 54 points), dans la HT non-convective (HT.NC en orange, 20 points) et dans la HT convective (HT.C en jaune, 29 points)

3.2.3.4. Efficacité du transport vertical – Calcul des fractions des masses d'air de la BT retrouvée dans la HT

Pour évaluer quantitativement le transport vertical et son impact sur les masses d'air de la HT; la fraction f d'air frais de la BT mesuré dans l'enclume a été calculée. Pour ce faire, nous avons appliqué l'équation suivante adaptée de Bertram et al., (2007) aux observations des HCNM :

$$f = \frac{[HT]conv - [HT]fond}{[BT] - [HT]fond}$$

où [HT]conv la concentration moyenne d'un composé donné dans l'enclume convective, [HT]fond est sa concentration moyenne de fond dans la HT non convectives et [BT] est sa concentration dans les basses couches à moins de 2 km d'altitude et en fonction du gradient latitudinal et de la trajectoire des MCS en se basant sur la « latitude zéro» (cf. section 3.2.3.1). La méthode suppose que la perte photochimique est négligeable pendant le transport vertical, le temps de vie des espèces étant plus longs ou équivalents au temps de transport vertical (~30 min). Tout d'abord, nous avons calculé f pour chaque HCNM (avec un total de 15 composés). Ensuite, nous en avons déduit la fraction moyenne f en combinant les résultats obtenus pour chacun des 4 MCS (Figure III- 15, gauche).

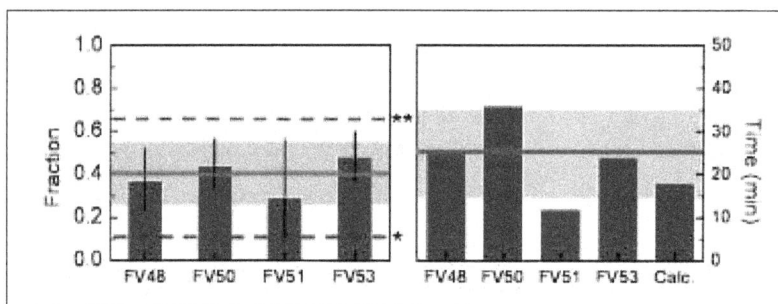

Figure III- 15 : Caractéristiques du transport convectif en Afrique de l'Ouest. Graphique de gauche: Fraction d'air frais mesurée dans l'enclume convective calculée pour chaque MCS. Les barres verticales représentent l'écart-type, la ligne rouge la fraction moyenne globale et l'aire grise son l'écart-type. Les lignes pointillées représentent les valeurs min et max de fractions retrouvées dans la littérature : *Ray et al, 2004 (latitudes moyennes), **Cohan et al, 1999 (convection marine tropicale). Graphique de droite: Temps de transport vertical pour chaque MCS et temps théorique calculé (calc.) (vitesse de vent vertical 15m.s^{-1} jusqu'à 12 km d'altitude. La ligne rouge indique le temps de transport moyen, l'aire grise son écart type.

Les valeurs de f sont de 37 ± 1% pour FV48, 44 ± 13% pour FV50, 29 ± 14% pour FV51 et 48 ± 12% pour FV53. La valeur moyenne de f pour les 4 MCS est de 40 ± 15% (Figure III- 15). La variabilité (± 15%) correspond à l'écart type de la moyenne pour toutes les fractions calculées. Les résultats sont cohérents sur les 4 MCS explorés au cours de la SOP 2a2 ainsi que par rapport à d'autres études aux latitudes moyennes. Cette valeur est plus importante que celles calculées par Ray et al. (2004) (10 à 40%) et Bertram et al., (2007) (17%) pour un cas de convection aux moyennes latitudes et moins importante que celle

140

obtenue par Cohan et al. (1999) (32 à 64%) dans un cas de convection marine tropicale. Ce qui caractérise bien la convection continentale tropicale qui est de moyenne intensité par rapport aux deux autres. L'intensité de la convection étant essentiellement conduite par la disponibilité en humidité dans l'atmosphère.

3.2.3.5.   Temps de transport vertical

L'estimation du temps de transport vertical est évaluée en se basant sur une approche originale utilisant l'équation cinétique de dégradation d'un COV donné vis-à-vis de OH à partir de laquelle on peut déduire le temps t qui est le temps de perte photochimique du composé en question et qui correspond au temps écoulé depuis l'émission. Dans cette étude, l'approche a été appliquée pour les observations de l'isoprène et du benzène. En supposant que l'échelle de temps de la perte photochimique de l'isoprène est similaire à celle d'un événement convectif (durée de vie de quelques heures), l'isoprène est considéré comme un traceur efficace sur la colonne verticale puisque durant le transport convectif il aura le temps de réagir et nous pourrons en déduire un temps. Le benzène ayant un temps de vie long restera constant durant le transport convectif. Par conséquent, le temps de dégradation photochimique calculé correspondra alors au temps de transport vertical. L'âge photochimique Δt est déterminé par l'équation suivante :

$$\Delta t = \frac{\ln \frac{([isop]/[benz])BT}{([isop]/[benz])HT}}{(ki - kb)[OH]}$$

où [isop] et [benz] sont les concentrations de l'isoprène et du benzène dans la BT et dans l'enclume convective HT, ki et kb sont les constantes de vitesse de réaction par rapport à OH de l'isoprène et le benzène respectivement (ki = $1,0 \times 10^{-10}$ cm^3.molec^{-1}.s^{-1}; kb = $1,2 \times 10^{-12}$ cm^3.molec^{-1}·s^{-1}; selon Atkinson, 2003 et Atkinson et al., 2006) et [OH] est la concentration moyenne en radicaux OH. Vu qu'une grande incertitude demeure sur les concentrations de OH en

141

raison de sa grande variabilité et de l'absence de mesures, nous avons considéré [OH] égale à 2.10^6 molécules.cm^{-3} dans la basse troposphère des régions tropicales (Lawrence et al., 2001). La concentration de OH est également supposée constante en fonction de l'altitude en cours du transport vertical.

Δt obtenus varient entre 12 et 36 minutes pour les 4 MCS avec une moyenne de 25 ± 10 min (Figure III- 15, à droite). Les résultats sont cohérents avec le temps de temps de transport vertical lors d'un épisode convectif (15-20 minutes) calculé à partir des vitesses de transport estimée entre 5 et 15 $m.s^{-1}$ (Thompson et al., 1997 ; Houze, 2004) (Figure III- 15) et avec les études de modélisation par Thompson et al., (1997) qui trouve 30 minutes. Il est à noter qu'une grande incertitude demeure dans l'hypothèse due à la concentration de OH. En supposant que [OH] pourrait être divisée par 2 ([OH] = 10^6 molécules.cm^{-3}), le temps sera multiplié par 2 et atteindra 50 min, ce qui reste rapide par rapport aux temps de transport vertical normal, qui est d'environ 1 mois.

3.3. Conclusions

Les nouvelles observations collectées à l'issue de AMMA constituent une base de données conséquente et unique pour l'Afrique de l'Ouest qui a permis de caractériser et d'évaluer l'impact de la convection nuageuse profonde sur les HCNM. Les distributions des paramètres mesurés sur le domaine d'étude présentent une grande variabilité horizontale et verticale qui est influencée par les caractéristiques de surface (gradient Nord-Sud), les courants des vents, notamment de mousson et d'harmattan, le transport convectif et à longue distance sous l'action du transport horizontal des masses d'air en altitude.

o Les profils latitudinaux des paramètres physico-chimiques mesurés (HCNM, ozone, monoxyde de carbone et humidité relative) montrent des variabilités dépendantes des caractéristiques de surface qui présentent un gradient nord-sud marqué : sols désertiques au nord (> 13°N), savane et forêt tropicale au sud (12 – 6°N) avec la présence de deux sites urbains (Niamey, Cotonou). En particulier, les concentrations en isoprène (d'origine biogénique) présentent une variabilité nord-sud corrélée au gradient de végétation. Elles passent en moyenne de 0,20 ppb sur les latitudes entre 14 et 11°N à 0,40 ppb entre 11 et 7°N. Aux latitudes plus au Sud (entre 7 et 5°N) et autour de Cotonou, les concentrations en isoprène diminuent jusqu'à 0,10 ppb. Les HCNM d'origine anthropique présentent les concentrations les plus élevées près des sites urbains (benzène à 0,11 ppb et le trans-2-pentène à 0,05 ppb) et des concentrations minimales au-dessus de la forêt (benzène à 0,06 ppb et trans-2-pentène à 0,02 ppb).

o Les profils verticaux des HCNM affichent une allure en « C » avec des concentrations élevées près des zones sources de surface mais aussi des concentrations significatives dans la haute troposphère, parfois comparables aux concentrations de surface, même pour les composés les plus réactifs comme l'isoprène. Les concentrations maximales mesurées à 12 km sont de 0,18 ppb pour le benzène, 0,12 ppb pour le trans-2-pentène et de 0,19 ppb pour l'isoprène.

o L'analyse du rapport :

Ln([trans-2-pentène]/[benzène]) vs. Ln([toluène]/[benzène])

a montré que les HCNM sont contrôlés par deux facteurs la haute troposphère en Afrique de l'Ouest : photochimie et transport, en particulier les injections convectives.

o L'utilisation simultanée des profils verticaux d'ozone, de monoxyde de carbone et d'humidité relative a permis d'isoler les situations impactées par la convection.

o Les concentrations en HCNM dans la haute troposphère sont jusqu'à deux fois plus élevées dans les masses d'air affectées par la convection. Elles sont aussi dépendantes de la trajectoire du MCS et de la surface qu'il a parcourue avant d'être exploré, utilisé comme proxy des émissions de surface, et indicateur du transport des masses d'air depuis la surface.

o La réactivité totale des masses d'air vis-à-vis du radical OH (R_{OH}) dans la haute troposphère va donc doubler dans des conditions convectives ($R_{OH}= \Sigma\ k_i[COV_i]= 0,95\ s^{-1}$) par rapport à des conditions non perturbées par la convection ($R_{OH}=0,52\ s^{-1}$) et peut même dépasser la réactivité observée dans la basse troposphère ($R_{OH}=0,82\ s^{-1}$) (ce dépassement est vraisemblablement dû à une dilution moins importante dans la HT que dans la CLA).

Finalement, le transport convectif assure un transport rapide et efficace des HCNM depuis la surface jusqu'à la haute troposphère :

o La fraction des masses d'air de la couche limite retrouvée dans l'enclume du MCS, déduite des mesures de HCNM, est estimée à 40 ± 15 %.

o Le temps de transport vertical au sein du MCS, déduit de l'équation photochimique pour l'isoprène, est estimé à 25 ± 10 minutes.

Ces résultats ont pu être obtenus grâce à la méthodologie de traitement des données mise en place qui repose sur différents outils diagnostiques appliqués aux observations des HCNM : profils de concentrations, indicateurs de convection, rapports de concentrations, équation du vieillissement photochimique, réactivité des masses d'air vis-à-vis du radical OH, fraction de CLA injectée dans la HT, temps de transport vertical. Ils attestent de la performance de la méthode pour la caractérisation et l'évaluation de l'impact de la convection pour les HCNM, indépendamment du domaine d'étude couvert.

Les quantités significatives de composées gazeux précurseurs de l'ozone comme les HCNM retrouvés dans la HT de l'Afrique de l'Ouest posent la question de leur impact sur la chimie photooxydante et en particulier sur la production différée d'ozone. La section suivante III-4 se propose d'évaluer cet impact et de le quantifier.

4. Evaluation de l'impact du transport convectif sur la production d'ozone

Les résultats de la section précédente montrent clairement l'impact des MCS sur la composition chimique des masses d'air de la haute troposphère tropicale (HT) de l'Afrique de l'Ouest en modifiant leur contenu en composés gazeux traces par un transport rapide et efficace, depuis les basses couches, de composés comme les COV, précurseurs d'ozone. La modification de la réactivité et, donc, de la capacité oxydante atmosphérique de la HT soulève la question de l'impact sur la production différée d'ozone. En effet, les mesures réalisées par le F-F20 ont seulement permis de caractériser des enclumes jeunes, dans l'environnement proche des MCS (« fresh » outflow). Pour évaluer cet impact, un travail de modélisation, à l'aide d'un modèle photochimique de boîte 0D, a été mené. L'objectif des simulations est de quantifier la production d'ozone dans l'enclume des MCS au cours des jours suivants leur passage et d'en d'évaluer la sensibilité aux COV mesurés durant la période d'observations spéciales SOP 2a2 de AMMA. Ce travail a été mené au LISA en collaboration avec Bernard Aumont.

4.1. Description du modèle

L'évolution de la composition chimique de la masse d'air convective est modélisée par le Master Chemical Mechanism - version 3 (MCM v.3) (Saunders et al., 1997, Jenkins et al., 1997 ; Saunders et al., 2003 ; Jenkin et al., 2003). Le MCM est un mécanisme quasi-explicite d'oxydation en phase aqueuse décrivant, dans le détail, la chimie d'une large gamme de COV et de leurs produits secondaires d'oxydation dont l'ozone. Le MCM est disponible en ligne et peut être téléchargé sur le site :

http://www.chem.leeds.ac.uk/Atmospheric/MCM/mcmproj.html

Associé à un modèle de boite, le MCM permet le suivi d'une même masse d'air au cours de son vieillissement et de son déplacement. La "boîte" représente une région de l'atmosphère, à différents forçages extérieurs (émissions, dépôts, advection, rayonnement ...), en fonction de la situation environnementale considérée. Grâce à sa structure simple, le modèle de boîte permet une description exhaustive et explicite des processus. Le modèle de boîte utilisé ici comprend deux boîtes superposées, l'une représentant l'enclume convective, l'autre représentant l'air de fond de la HT c'est–à–dire non perturbée par la convection.

4.1.1. Mécanisme chimique

Le MCM v.3 prend en compte plus de 125 COV. Le mécanisme chimique regroupe 12 691 réactions impliquant 4351 espèces organiques. Il décrit la dégradation de 22 alcanes, 20 alcènes, 1 alcyne, 18 composés aromatiques et des composés oxygénés dont des aldéhydes, des cétones et des alcools. La description complète du mécanisme chimique du modèle est relatée dans la publication de Jenkin et al. (1997). Dans cette section, le mécanisme chimique, résumé dans la Figure III- 16, est décrit brièvement. La dégradation des COV est essentiellement initiée par la réaction avec le radical OH, avec l'ozone et avec le radical NO_3 et par photolyse pour les composés oxygénés. Ces réactions conduisent à la formation de différents types de radicaux comme les radicaux alkoxyles et peroxyles (RO et RO_2) et les bi-radicaux RR'COO'' dits intermédiaires de Criegee (Figure III- 16). Selon les conditions troposphériques, certaines voies de réactions sont privilégiées et conduisent l'évolution du système. Les différentes voies d'initiation et la chimie radicalaire complexe mènent à la formation d'un très grand nombre de produits intermédiaires secondaires différents comme les aldéhydes et les cétones, les composés carbonylés, les nitrates organiques ($RONO_2$) ou encore les acides carboxyliques (RCOOH). Ces espèces intermédiaires subissent à leur tour des réactions d'oxydation pour mener aux produits finaux de l'oxydation troposphérique que sont le dioxyde de carbone (CO_2) et la vapeur d'eau (H_2O).

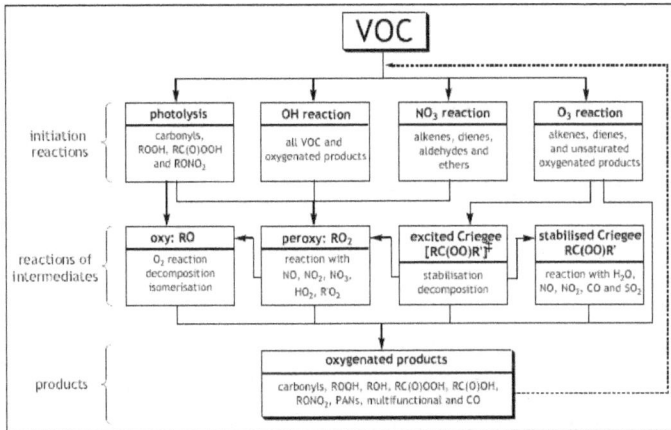

Figure III- 16 : Mécanisme chimique simplifié du MCM-v.3 (Saunders et al., 2003)

4.1.2. Conditions de simulation

Les données à renseigner en entrée du modèle concernent :

o les conditions générales de simulation : localisation, altitude, saison, paramètres météorologiques (température, humidité et conditions d'irradiation)

o l'initialisation du système : les charges initiales de précurseurs (COV, NOx) en phase gazeuse sont fournies au modèle

Le modèle permet le calcul de la production et la perte de l'O_3, CO, NOx (NO et NO_2), NOy (NO, NO_2, NO_3, N_2O_5, PAN, HO_2NO_2, HNO_3), HOx (OH, HO_2, H_2O_2), des COV en fonction du temps.

Bertram et al. (2007) ont utilisé un modèle de boîte photochimique 0D pour étudier l'évolution de la composition chimique d'une enclume convective de la haute troposphère au cours de la campagne INTEX NA aux Etats-Unis. Une première étape de ce travail a consisté à reproduire les simulations présentées par Bertram et al. (2007) afin de s'assurer de la fiabilité du modèle envisagé dans les conditions de la haute troposphère. Pour ce faire, nous avons utilisé les

147

paramétrisations et les données de INTEX-NA (charges initiales des composés, conditions météorologiques, photolyse, facteur de dilution) en entrée du modèle. Cette première étape a montré une bonne concordance entre les deux modèles pour des composés d'intérêt (NOx, HNO_3, PAN etc.). Pour la suite, le modèle de boîte 0D a été initialisé à partir des observations et des conditions physico-chimiques de la HT rencontrées durant la SOP 2a2 de AMMA.

4.3.2.1. Conditions générales

o Les simulations sont conduites au milieu de l'été, durant le mois d'août, qui correspond à la SOP 2a2.

o La boîte est localisée à 13°N de latitude sur le méridien de Greenwich, à 10 km d'altitude en conformité avec le domaine d'étude exploré par le F-F20 durant la SOP 2a2.

o La durée de la simulation est fixée à 10 jours mais seuls 5 jours sont exploités puisqu'au-delà de cette période les variations temporelle des paramètres (concentrations) deviennent minimes.

o Le mélange entre les deux boîtes est à un taux de dilution fixe. Ce taux a été adapté de Bertram et al. (2007) et s'élève à 5 % par jour. La boîte convective est ainsi réalimentée au cours de la simulation par le mélange avec la boîte de fond. Ce taux de dilution fait qu'au bout du 5ème jour, la boîte convective contient encore 75 % de la charge initiale.

4.3.2.2. Conditions météorologiques

Les paramètres météorologiques correspondent aux valeurs moyennes relevées durant la SOP 2a2 au cours des vols du F-F20 dans la HT :

o La température est fixée à 223 K

o L'humidité relative est fixée à 70 % dans la HT convective

o Les paramètres solaires pour la photolyse sont calculés à partir de la date de l'année et la localisation en altitude et en latitude de la boîte. Les constantes de photolyse sont ainsi calculées pour des conditions moyennes d'irradiation à l'aide du code radiatif TUV (Madronich et Flocke, 1998).

4.3.2.3. Charges initiales en composés gazeux

Les concentrations des composés gazeux introduites dans le modèle ont été initialisées à partir des observations de la SOP 2a2, lorsque ces dernières sont disponibles, dans des conditions convectives et des conditions de fond. C'est le cas pour les oxydes d'azote (NO + NO_2), l'ozone, le CO et les COV (HCNM + HCHO). Les concentrations correspondent aux niveaux ambiants moyens calculés à partir des observations du F-F20 à 12 km d'altitude. Elles sont reportées dans le Tableau III-3. Les mesures de méthane et de péroxyacétyle nitrate (PAN) n'étant pas disponibles, nous avons utilisé les valeurs fournies dans la littérature et représentatives de nos conditions.

L'instrument MONA (Marion, 1998) qui a effectué les mesures des oxydes d'azote a partiellement fonctionné durant la campagne. Les mesures en NO et NO_2 sont disponibles pour les vols du F-F20 dans des conditions de fond et pour un vol (FV48 le 11 août 2006) dans des conditions convectives. Les niveaux de NOx sont à 225 ppt dans les conditions de fond et à 475 ppt dans les conditions convectives. Afin de s'assurer de la représentativité de ces valeurs, nous les avons comparées aux valeurs fournies dans la littérature. Durant INTEX-NA, Bertram et al. (2007) reportent des concentrations moyennes de NOx de 200 à 300 ppt dans des conditions de fond et de 600 à 800 ppt dans des conditions convectives. Huntrieser et al. (2007) ont mesuré 200 à 800 ppt de NOx dans des orages durant TROCCINOX au Brésil. Andrés-Hernández et al. (2009) montrent une très grande variabilité des concentrations en NO et NOx entre 50 ppt et 1200 ppt lors d'un vol du DLR-Falcon durant AMMA sur le même domaine d'étude (vol du 15 août 2006). Il apparaît donc que les mesures en NOx du Falcon sont dans la gamme des valeurs rencontrées dans des conditions similaires. Par conséquent, ce sont ces valeurs que nous avons retenues pour les simulations.

Tableau III- 3 : Concentrations des espèces dans les conditions de fond et convectives

Espèce	[HT fond]	[HT convective]
O_3	50 ppb	40 ppb
CO	100 ppb	150 ppb
NO	55 ppt	75 ppt
NO_2	150 ppt	400 ppt
Formaldéhyde	300 ppt	660 ppt
Isoprène	50 ppt	80 ppt
Trans-2-pentène	15 ppt	50 ppt
Pentane	250 ppt	300 ppt
Benzène	50 ppt	65 ppt
Hexane	100 ppt	250 ppt
Heptane	55 ppt	80 ppt
Octane	50 ppt	120 ppt
Toluène	100 ppt	165 ppt
Ethylbenzène	140 ppt	180 ppt
m-Xylène	250 ppt	355 ppt
o-Xylène	40 ppt	60 ppt
1,2,3-TMB	20 ppt	45 ppt
1,2,4-TMB	110 ppt	130 ppt
1,3,5-TMB	50 ppt	90 ppt

Pour les études de sensibilité aux NOx, le niveau bas a été fixé à 200 ppt et le niveau haut à 800 ppt. Ces valeurs paraissaient comme les valeurs moyennes les plus représentatives des situations que nous avons explorées.

Le méthane a été initialisé à 1,78 ppm dans la boîte de fond et à 1,79 ppm dans la boîte convective (adapté de Bertram et al., 2007). Pour le PAN, nous avons retenu des valeurs de 100 ppt pour la boîte de fond et 200 ppt pour la boîte convective en se basant sur les études de Perros (1994) et Bertram et al. (2007).

4.2. Scénarios des simulations

La production d'ozone est un phénomène complexe, dépendant de façon non linéaire des quantités d'oxyde d'azote et de COV présents dans l'atmosphère (Liu et al., 1987). Pour cela, plusieurs scénarios ont été considérés sur la base des différents niveaux de NOx et de COV. Ils sont décrits ci-dessous.

Dans un premier temps, la production d'ozone en situation convective a été évaluée. Deux types de scénarios sont associés :

o Cas moyen « Convectif » : il représente le cas convectif caractéristique des situations observées dans la HT en AO durant la SOP 2a2. Les concentrations initiales des gaz correspondent aux moyennes des concentrations mesurées sur les 4 MCS explorés.

o Cas spécifiques convectifs : il s'agit de 4 simulations correspondant aux 4 MCS explorés au cours des vols « FV48 », « FV50 », « FV51 » et « FV53 ». Les vols ont eu lieu à 12 km dans la HT dans l'enclume active du MCS. Pour ces simulations, seules les concentrations en COV varient d'un cas à l'autre. Les valeurs de NOx ont été fixées comme pour le cas moyen convectif. Les concentrations retenues correspondent aux valeurs mesurées sur chaque vol. Cette approche nous permet de caractériser les MCS se produisant en Afrique de l'Ouest et d'évaluer leur impact dans la région.

151

Dans un deuxième temps la sensibilité de la production d'ozone aux NOx a été évaluée pour trois types de scénarios :

o Cas « Sans NOx » est simulé pour évaluer la contribution des NOx à la production d'ozone. Les conditions et concentrations initiales sont identiques aux cas « convectif » et les concentrations en NOx dans la boîte convective sont nulles.

o Cas « NOx bas » et « NOx haut» pour étudier la sensibilité de la production d'ozone aux NOx. Ils sont paramétrés comme le cas « convectif » mais avec les concentrations en NOx initiales de 200 ppt et 800 ppt respectivement. Les niveaux bas et haut de NOx ont été fixés de sorte que le niveau bas corresponde au niveau de fond de la HT et le niveau haut aux concentrations maximales mesurées dans des conditions convectives.

Finalement, la sensibilité de la production d'ozone aux COV a été conduite pour sept types de scénarios :

o Cas « Sans COV » pour évaluer la contribution des COV à la production d'O_3. Les conditions et concentrations initiales sont identiques au cas « convectif » et les concentrations en COV dans la boîte convective sont nulles.

o Cinq cas pour évaluer la sensibilité de la production d'ozone aux COV : « f20% », « f40% », « f60% », « f80% » et « f100% ». Le terme f correspond à la fraction (en %) des masse de la couche limite de surface injectée dans la HT. Le cas « f40% » correspond au cas convectif moyen, déterminé dans la section précédente, à partir des concentrations moyennes en COV observées (cf. III-3). Pour les autres cas, les concentrations théoriques en COV ont été calculées selon le pourcentage. Les autres paramétrisations ont été maintenues identiques au cas « convectif ».

o Cas « isop.HCHO » pour étudier la contribution de l'isoprène et du formaldéhyde à la production d'ozone, ces derniers participant à hauteur de 44 % à la réactivité totale dans la HT (cf. section III- 3). Les concentrations des autres COV sont mises à zéro dans la boîte convective.

4.3. Production d'ozone et sensibilité aux précurseurs

4.3.1. Production d'ozone en situation convective

4.3.1.1. Cas convectif moyen

La simulation du cas convectif moyen permet d'évaluer l'impact de la convection nuageuse profonde sur la production moyenne d'ozone dans la haute troposphère tropicale de l'Afrique de l'Ouest. Les résultats de cette simulation sont présentés sur la

Figure III- 17. Ils montrent une augmentation significative des concentrations en ozone qui survient les jours suivant l'épisode convectif. Les concentrations passent de 40 ppb en début de simulation (t_0) dans le MCS à plus de 53 ppb au bout de 5 jours de simulation.

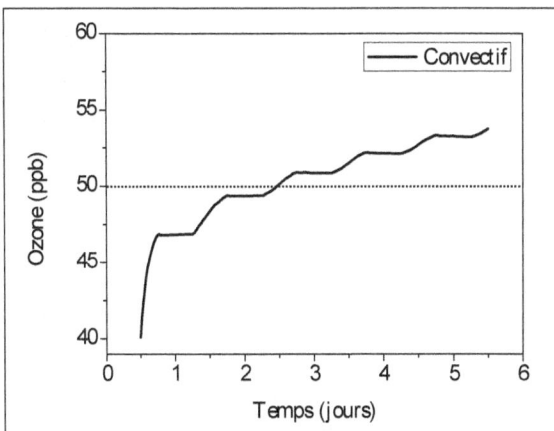

Figure III- 17 : Evolution des concentrations en ozone simulées dans le cas convectif moyen - La droite en pointillé à 50 ppb représente le niveau de fond moyen observé de O_3 dans la HT

Il convient d'abord de rappeler que le passage d'un MCS réduit dans un premier temps les concentrations en ozone qui passent de 50 ppb, (niveau de fond dans la HT non convective) à 40 ppb en début de simulation (t_0). Ceci s'explique par le transport de masses d'air plus pauvres en ozone depuis les basses couches jusque dans la HT (cf. partie I-2.2.2).

Puis, les concentrations en ozone augmentent très rapidement de 25 %, signe d'une production d'ozone intense, pour atteindre les valeurs du niveau de fond au bout de 2,5 jours (50 ppb). Au-delà de 2,5 jours, la production d'ozone se poursuit mais à une allure plus modérée. Ces résultats sont cohérents avec ceux de Bertram et al. (2007) dans le cadre de INTEX-NA et qui montrent que les masses d'air transportées par les MCS contiennent moins d'ozone que les masses d'air de fond dans la haute troposphère mais que des changements rapides dans les concentrations d'ozone sont observés durant les 2 jours suivant un évènement convectif.

Finalement, l'injection par la convection de masses d'air pauvres en ozone dans la HT, mais chargées en composés précurseurs (NOx et les COV), entraîne une production significative d'ozone dans la HT tropicale de l'Afrique de l'Ouest. L'enclume du MCS reste chimiquement active même plusieurs jours après l'épisode convectif. En terme de bilan net d'ozone, celui-ci devient positif au-delà de 2,5 jours où sa production conduit à des concentrations en ozone en moyenne 10 % supérieures à celles du niveau de fond de la HT.

4.3.1.2. Cas convectifs spécifiques

La simulation des cas convectifs spécifiques permet d'évaluer la variabilité de l'impact de la convection nuageuse profonde sur la production d'ozone dans la haute troposphère tropicale de l'Afrique de l'Ouest. Les résultats des 4 simulations, correspondant aux 4 MCS explorés, sont présentés sur la Figure III-18. Les quantités de NOx et autres paramétrisations étant identiques sur les 4 simulations, l'évolution de la production d'ozone ne dépend donc que des charges initiales en COV dans chaque MCS.

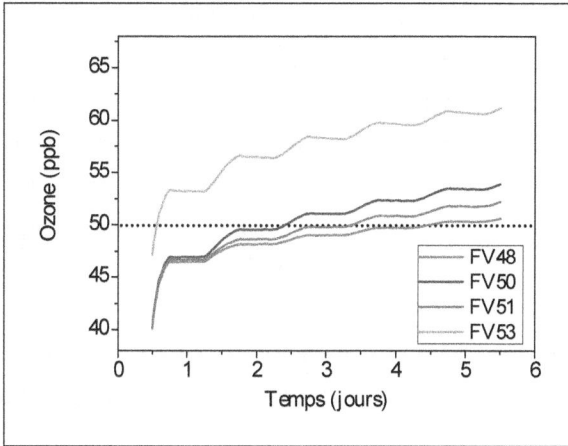

Figure III- 18 : Evolution temporelle des concentrations d'O_3 simulées pour les 4 MCS explorés par le F-F20

Pour les MCS explorés, les concentrations initiales en ozone observées dans l'enclume du système est de 40 ppb en moyenne sur les vols FV48, FV50 et FV51. Sur le vol FV53, le niveau moyen initial s'élève à 47 ppb. Ceci est attribué à l'origine du MCS qui se développe plus au Nord (cf. section III-3, Bechara et al., 2009) où les basses couches sous plus riches en ozone (cf. section III- 2).

Pour tous les cas, l'évolution des concentrations d'ozone est intense le 1er jour, avec une production significative. Pour les cas FV48, FV50 et FV51, elle est équivalente le 1er jour et commence à se différencier d'un MCS à l'autre à partir du 2ème jour avec un ralentissement de la production plus ou moins marqué selon le MCS. Les principales différences concernent d'une part le temps nécessaire pour atteindre le niveau de fond en ozone de la HT et, d'autre part, les niveaux d'ozone atteints en fin de simulation. Le temps nécessaire pour atteindre le niveau de fond est très variable allant de 0,5 jour (cas du MCS exploré au cours du vol FV53), à 4,5 jours (cas du MCS du vol FV48). Ceci se reflète sur les niveaux en ozone atteints à la fin des simulations et qui s'élèvent à 53 ; 57 ; 55 et 61 ppb respectivement pour les vols FV48 ; FV50 ; FV51 et FV53. Dans tous les cas, le niveau final atteint en ozone dépasse le niveau de fond initial de la HT conduisant à un bilan net positif d'ozone dans la HT variant entre +1 ppb et +11 ppb (c'est-à-dire variant de 2 à 20 %). On voit un effet significatif de production d'ozone mais d'intensité variable d'un MCS à l'autre en fonction du contenu en COV des masses d'air convectives. Nous pouvons conclure que les épisodes convectifs s'accompagnent en général d'une production nette d'ozone et il apparaît que la charge initiale en COV précurseurs influence la production d'ozone dans la HT.

4.3.2. Taux de production d'ozone

Le taux de production d'ozone a été calculé pour le cas moyen et les cas spécifiques convectifs simulés. Son évolution en fonction du temps est reportée sur la Figure III- 19). Il présente la valeur la plus élevée le 1er jour (maximum à 9 ppb/jour) et diminue les jours suivants tout en maintenant une valeur significative jusqu'à 5 jours après le passage du MCS (2,5 ppb/jour au 5ème jour). En moyenne sur les 5 jours, la production d'ozone est estimée à $4 \pm 1,5$ ppb/jour. Pour les cas spécifiques explorés, les variations des taux de production sont comparables d'un MCS à l'autre et présentent des variabilités inter-journalières similaires au cas moyen. Le Tableau III- 4 résume les taux de production d'ozone moyens calculés sur le cas moyen « convectif » et sur les 4 MCS explorés sur les 5 jours suivant le passage du MCS.

Tableau III- 4 : Taux moyens de production d'ozone sur 5 jours

O₃ (ppb.jour⁻¹)	J1	J2	J3	J4	J5
FV48	7,1	5,0	3,4	2,2	1,9
FV50	7,6	5,5	4,1	2,8	2,5
FV51	7,4	5,2	3,7	2,5	2,2
FV53	6,9	5,7	4,6	3,3	3,0
Convectif	7,5	5,5	4,0	2,8	2,5

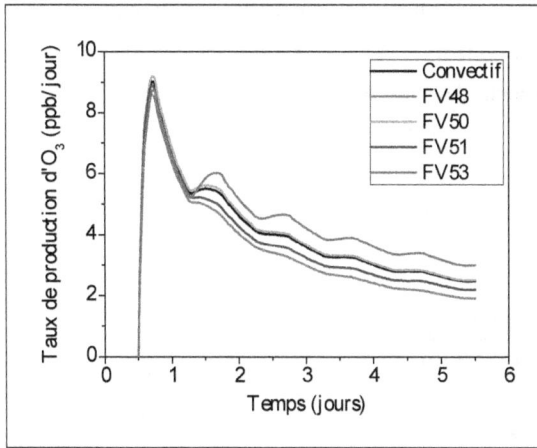

Figure III- 19 : Taux de production d'ozone en situation convective

Ces valeurs sont en accord avec d'autres études de modélisation qui montrent elles aussi des taux de production d'ozone significatifs dans l'enclume post-convective (Figure III- 20). Les taux de production obtenus sont en accord avec ceux obtenus par deux autres études conduites dans le cadre de AMMA, utilisant des observations d'espèces photooxydantes et des paramétrisations différentes. Andrés-Hernández et al. (Andrés-Hernández et al., 2009) ont calculé un taux s'élevant à 1 ppb/heure par un modèle de boîte avec une chimie simplifiée visant la contribution des radicaux peroxyles. Schlager et al. (2009) ont calculés des taux entre 4 et 8 ppb/jour avec le modèle photochimique CiTTyCat utilisant les mesures de NOx et de COV du Falcon allemand D-F20 et du BAe 146 anglais. Les taux de production d'ozone ont aussi été comparés à ceux obtenus dans d'autres régions du globe. Si ces derniers sont sensibles à la région (latitude, continental ou marin) et à la saison, les taux de production les plus importants sont généralement rencontrés au niveau des tropiques. Thompson et al. (1997) ont estimé une production d'ozone intense à 11,3 km d'altitude au-dessus du Brésil durant TRACE-A à 6,5 ppb/jour. Des taux plus bas d'environ 2 ppb/jour ont été observés au-dessus de l'atlantique nord durant SONEX en hiver (Jaeglé et al. 1999). Miyazaki et al. (2002) ont calculé des taux de 0,5 à 4,4 ppb/jour en Asie de l'Est durant le printemps.

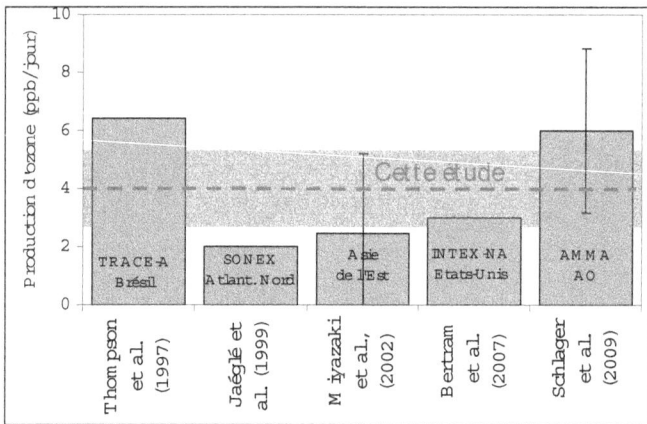

Figure III- 20 : Taux de production d'ozone (ppb/jour) lors de diverses études

4.3.3. Sensibilité de la production d'ozone aux précurseurs
4.3.2.1. Sensibilité aux NOx

Pour évaluer la sensibilité de la production d'ozone aux NOx, nous avons mené des tests de sensibilités en réalisant plusieurs simulations pour différentes charges initiales en NOx («Sans NOx», «NOx bas», «NOx haut» comparés au cas moyen «Convectif»). La Figure III- 21 reporte l'évolution des concentrations en ozone en fonction du temps pour les quatre cas simulés. Les conditions initiales des 4 simulations sont identiques. Seules les concentrations initiales en NOx varient. Les divergences observées ne sont donc imputables qu'aux NOx. Les résultats des simulations montrent que l'évolution des concentrations d'ozone est très variable selon les niveaux de NOx disponibles, caractéristique d'un régime « limité en NOx ». Des niveaux de NOx plus élevés entraînent une production d'ozone plus importante, surtout marquée les deux premiers jours. En absence de NOx (cas « Sans NOx »), le cycle de production d'ozone n'est pas enclenché dû au défaut de NOx, en quantité insuffisante dans le milieu réactionnel. Les concentrations d'ozone restent quasi-constantes tout au long de la simulation. En comparant les cas « Sans NOx » et « convectif », la production nette d'ozone est estimée à 25 % dans la HT en présence de NOx.

Dans le cas « NOx bas», avec une charge initiale en NOx équivalente au niveau de fond, il n'y a pas de bilan net positif d'ozone. En effet, et même 5 jours après le passage du MCS, le niveau en ozone simulé n'atteint jamais le niveau de fond de la HT.

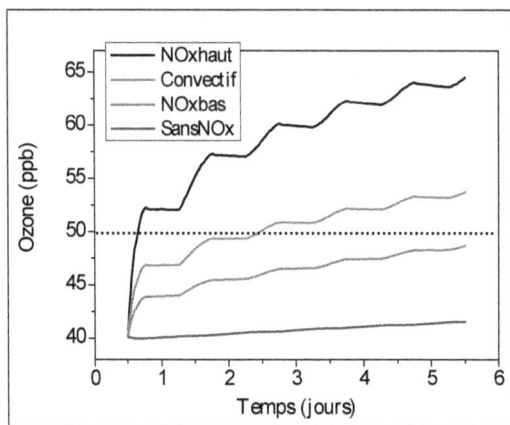

Figure III- 21 : Evolution temporelle des concentrations en ozone simulées en fonction de la charge initiale en NOx

Dans le cas « Haut NOx », avec une charge initiale en NOx deux fois plus élevée que dans le cas « convectif », la production d'ozone est très intense et l'ozone atteint des concentrations proches de 65 ppb après 5 jours de simulation. Les niveaux d'ozone simulé atteignent en moins de un jour le niveau de fond.

Ces simulations confirment l'étroite dépendance de la production d'ozone de la HT tropicale de l'Afrique de l'Ouest aux oxydes d'azote. Nous avons précisé l'évolution temporelle de la spéciation de l'azote simulé pour le cas « convectif ». Ce point fait l'objet du paragraphe suivant.

4.3.2.2. Bilan de l'azote

Les espèces azotées organiques et inorganiques considérées sont : NO, NO_2, NO_3, HNO_3, PAN, N_2O_5, HO_2NO_2, CH_3NO_3. Les évolutions des concentrations de ces composés ont été simulées en fonction du temps pour le cas moyen « convectif » (Figure III- 22). Le bilan de l'azote effectué montre que l'essentiel de l'azote est présent à l'état de NO, NO_2, de peroxyacétyle nitrate (PAN), d'acide nitrique (HNO_3) et d'acide pernitrique (HO_2NO_2).

Le PAN est un produit de l'oxydation de NO_2 en présence d'acétaldéhyde qui lui-même provient de l'oxydation des hydrocarbures (Madronich et Calvert, 1990). Le puits principal du PAN est sa décomposition thermique (Talukdar et al., 1995). Dans la haute troposphère, son temps de vie s'élève donc à plusieurs mois (Finlayson-Pitts et Pitts, 2000). Il joue alors le rôle de réservoir d'oxydes d'azote réactifs (Moxim et al, 1996). Le résultat de la simulation montre que le PAN augmente rapidement les 2 premiers jours puis ses concentrations restent constantes, avec une légère tendance à la baisse. HNO_3 est formé par réaction de NO_2 avec le radical OH qui est une des réactions de terminaison du cycle de production de l'ozone. Il a un temps de vie plus long que celui des NOx (plusieurs jours) et constitue donc un réservoir de NOx. Sur la simulation, il présente une accumulation puisqu'il n'est pas éliminé par dépôt humide, les précipitations ne constituant plus un puits majeur dans la haute troposphère (Tabazadeh et al., 1999).

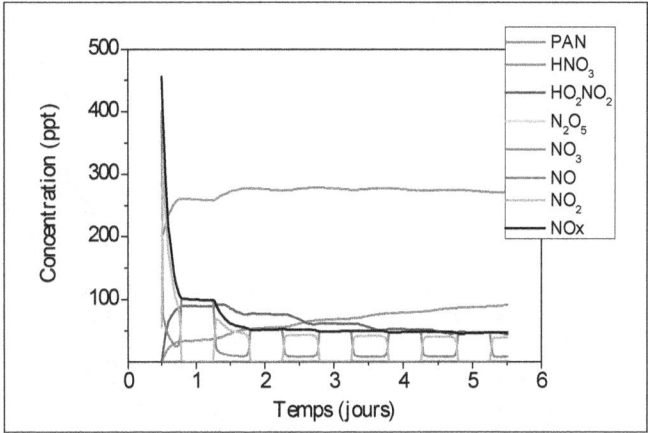

Figure III- 22 : Evolution temporelle des concentrations simulées des espèces azotées dans le cas moyen « convectif »

HO_2NO_2 est formé par combinaison de HO_2 et NO_2. Etant thermiquement instable, il reforme rapidement HO_2 et NO_2. Dû aux conditions plus froides de température dans la haute troposphère, il constitue donc un réservoir de HO_2 et NO_2 (Delmas et al., 2005). Dans la simulation, HO_2NO_2 présente une formation importante les 2 premiers jours puis se dégrade les jours suivants. A la différence du PAN, HO_2NO_2 peut se dégrader par photolyse (Murphy et al., 2004), expliquant la diminution de ses concentrations les jours suivants. Les nitrates formés, organiques (PAN) et inorganiques (HNO_3 et HO_2NO_2), constituent un réservoir d'azote.

4.3.2.3. Sensibilité aux COV

Pour évaluer la sensibilité de la production d'ozone aux COV, nous avons mené des tests de sensibilités pour différentes charges initiales en COV injectées dans

la haute troposphère (« f20% », « f40% », « f60% », « f80% » et « f100% »)
(Figure III- 23). Les simulations ont été réalisées pour des conditions initiales
identiques. Seules les concentrations initiales en COV varient. Les divergences
observées ne sont donc imputables qu'aux COV.

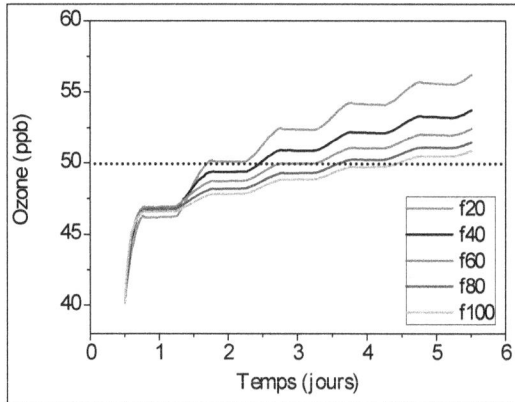

Figure III- 23 : Evolution temporelle des concentrations en ozone simulée en fonction des
charges initiales en COV

Les résultats montrent que l'oxydation des COV est responsable d'une
augmentation des concentrations en ozone, signe d'une production significative.
Mais, cette dernière est beaucoup moins sensible aux variations des charges
initiales en COV qu'elle ne l'est pour les NOx (cf. 4.3.2.1). En effet, une
variation d'un facteur 5 dans les charges initiales en COV n'entraîne un Δ
d'ozone que de seulement 6 ppb au bout de cinq jours. La production d'ozone
est équivalente le 1er jour. Le bilan net d'ozone est positif quelque soit la charge
initiale en COV ; seuls diffèrent le temps nécessaire pour atteindre le niveau de
fond, variant de 1,5 jours à 4 jours, et les concentrations finales en ozone. Ces
dernières dépendent de la quantité initiale de COV dans la boîte convective.
D'après les simulations, des quantités plus importantes de COV conduisent à

une production d'ozone plus faible. En effet, les concentrations finales dans les deux cas extrêmes (f20% et f100%) sont de 58 ppb et 52 ppb, respectivement. A première vue, ce résultat peut paraître paradoxal. Dans le cas général, en présence de COV et de NOx en quantités suffisantes, la production d'ozone est opérée essentiellement par les réactions suivantes :

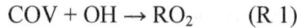

$$COV + OH \rightarrow RO_2 \qquad (R\ 1)$$

$$RO_2 + NO \rightarrow O_3 \qquad (R\ 2)$$

Cependant, quand les concentrations de NO deviennent insuffisantes pour gouverner totalement l'évolution des peroxyles via la réaction (R 2), les réactions de terminaison (RO_2+HO$_2$ et RO_2+NOx) deviennent majoritaires et mènent à la formation de nitrates organiques ($RONO_2$) (cf. Figure I-2 dans la partie I). Les NOx étant en quantité "limitante" vis à vis de la formation d'ozone, le système chimique et l'évolution de sa composition développent une forte sensibilité aux niveaux de NOx et de PAN disponibles. C'est vrai, en particulier, pour les mécanismes de formation et de destruction des nitrates qui peuvent constituer un réservoir d'azote réactif (Delmas et al., 2005). Afin d'approfondir cette question, nous avons simulé l'évolution temporelle des concentrations en NOx et en PAN pour trois charges initiales en COV (f20%, f40%, f100%) (Figure III- 24).

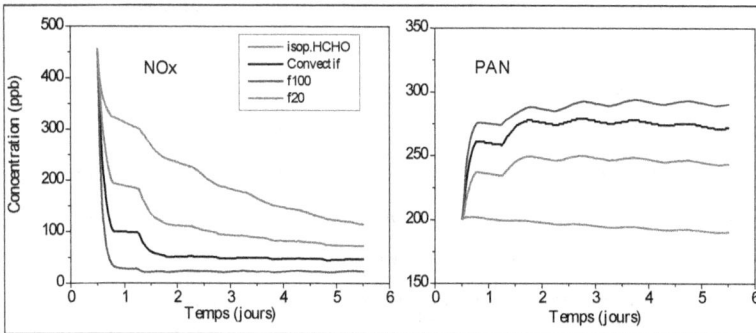

Figure III- 24 : Evolution temporelle des concentrations simulées du PAN et des NOx en fonction des charges initiales en COV

Les simulations montrent que, plus les quantités de COV injectées sont élevées, plus la diminution des concentrations en NOx est rapide et les quantités de PAN formé importantes. Une production plus importante de PAN limite donc les quantités de NOx disponibles. Le régime chimique étant NOx-limité, la production d'ozone diminue.

Les COV apportés par la convection constitueraient donc via la formation de nitrates organiques un réservoir de NOx dans la haute troposphère tropicale de l'Afrique de l'Ouest, d'autant plus important que les charges initiales en COV augmentent. Si la conséquence est une diminution de la production d'ozone, l'azote réactif stocké sous forme de nitrates organiques pourra être potentiellement restitué ultérieurement sous forme de NOx et contribuer à une formation différée d'ozone au cours du transport longue distance des masses d'air (Moxim et al., 1996 ; Finlayson-Pitts et Pitts, 2000).

Il faut noter que dans la haute troposphère les concentrations sont à des niveaux beaucoup plus bas que ceux rencontrés dans la CLA et donc que les mécanismes chimiques sont beaucoup plus sensibles aux disponibilités de chacun des constituants.

4.3.2.4. Sensibilité à l'isoprène et au formaldéhyde

Sur la Figure III- 25, les simulations visent à évaluer la contribution à la production d'ozone des COV et en particulier celle de l'isoprène et du formaldéhyde puisqu'ils contribuent à hauteur de 44 % à la réactivité totale dans la HT comme nous l'avons montré précédemment. Les cas « Sans COV » et « isop.HCHO » sont comparés au cas « Convectif ». Les résultats montrent que l'évolution des concentrations en ozone est marquée par une inversion des évolutions mise en évidence par un croisement des courbes des concentrations après quelques jours de simulation. Lors des premiers jours, la présence de plus de COV dans le cas « convectif » entraîne une production d'ozone plus importante que celle observée dans les autres cas.

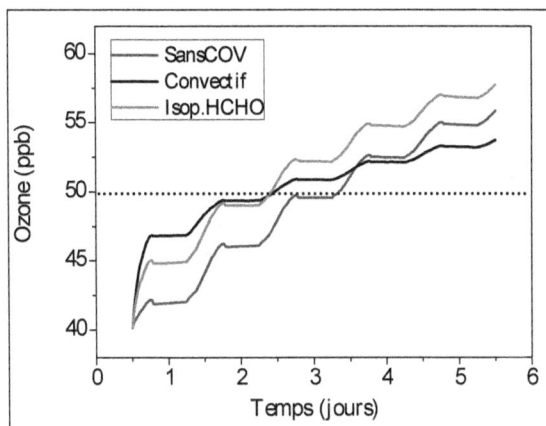

Figure III- 25 : Evolution temporelle des concentrations en ozone simulées en fonction des charges initiales en COV l'ozone en fonction des COV

La contribution de l'isoprène et du formaldéhyde dans la production d'ozone est très significative puisqu'ils apportent jusqu'à 5 ppb de production nette d'ozone dès le premier jour. Les variations des concentrations en ozone le premier jour entre « sans COV », « convectif » et « isop.HCHO » montrent que l'isoprène et du formaldéhyde contribuent à plus de 50 % à la formation d'ozone dans le cas convectif.

Au bout de 2,5 jours de simulation, la production d'ozone dans le cas « isop.HCHO » dépasse celle du cas « convectif ». En effet, la consommation des NOx disponibles est plus rapide dans les cas plus riches en COV (Figure III-24). Les concentrations en NOx étant à des niveaux plus bas dans le cas « convectif » que dans le cas « isop.HCHO » au bout de quelques jours, la production d'ozone devient alors moins importante. Cela explique le croisement des courbes observé sur les évolutions des concentrations en ozone.

En absence de COV, la production d'ozone semble être linéaire sur toute la durée de la simulation. Cette allure indique que le rôle essentiel des COV intervient sur la cinétique de production d'ozone les deux premiers jours comme le montre le paragraphe suivant.

4.3.2.4. Sensibilité des taux de production d'ozone aux précurseurs

Nous avons évalué la sensibilité des taux de production d'ozone journaliers et horaires aux précurseurs (NOx et COV) (Figure III- 26).

i. Taux de production journaliers

Pour tous les cas, les taux de production d'ozone journaliers les plus élevés sont observés le premier jour de la simulation. Puis, les taux varient en fonction des quantités de COV et de NOx disponibles jusqu'au 3ème jour. Au-delà, le taux de production semble se stabiliser.

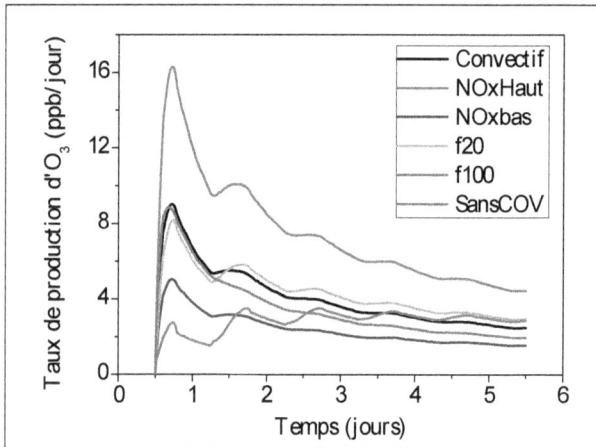

Figure III- 26 : Taux de production d'O$_3$ pour différentes charges initiales en NOx et de COV

Comme nous l'avons vu précédemment la production d'ozone est très sensible au NOx. Elle atteint des taux de production maximaux allant jusqu'à 16 ppb/jour dans le cas où les concentrations en NOx doublent (cas « NOx haut») et un taux plus bas de 4 ppb/jour pour des concentrations de NOx divisées par 2 (cas « NOx bas»). Ces valeurs sont à comparer au cas convectif qui présente un maximum de 9 ppb/jour.

En comparant les cas « f20% », « f100% » et « sans COV », on déduit que l'apport de COV par la convection accélère le taux de production d'ozone durant les trois premiers jours. En absence de COV, ce taux est constant à raison de 2,5 ppb/jour sur la période simulée. Le taux de production journalier moyen d'ozone semble peu sensible aux niveaux de COV entre 20% et 100%, l'allure et l'amplitude des courbes « f20% » et « f100% » étant similaires.

ii. Taux de production horaires

En revanche, les COV influencent surtout la cinétique de la production d'ozone horaire comme le montre la Figure III- 27. Cette dernière illustre la relation entre le taux horaire de production d'ozone et les concentrations en NOx en fonction de la charge initiale en NOx. Les courbes présentent une augmentation rapide de la production d'ozone, similaire dans tous les cas, jusqu'à une vitesse maximale horaire de 0,4 ppb/heure. Ceci montre que la vitesse de production d'ozone horaire est seulement gouvernée par les NOx pour des niveaux de NOx > 0,2 ppb. Au-dessous de ce niveau, la vitesse de production d'ozone présente aussi une dépendance aux COV. Cela mène à une diminution de la vitesse de production d'ozone à partir de niveaux seuils en NOx décroissants selon la quantité de COV.

Quelque soit la quantité de COV, le taux maximal horaire est constant d'un cas à l'autre et plafonne à 0,4 ppb/heure. Le taux de production semble être à son niveau maximal sur une gamme de concentration de NOx plus large quand les niveaux de COV disponibles sont plus importants (un ordre de grandeur). Le taux est maintenu à 0,4 ppb/h jusqu'à des niveaux en NOx de 40 ppt pour le niveau le plus élevé en COV et 200 ppt pour le niveau le plus bas en COV. Les concentrations finales en NOx atteintes au bout de 5 jours diffèrent selon les niveaux de COV (0,08 ppb en NOx pour « f100 » et 0,025 ppb pour « f20 »). La différence essentielle est due à une vitesse de dégradation des NOx plus rapide pour des concentrations en COV disponibles plus importantes comme le montre la pente du côté gauche des courbes. Cela montre que la production d'ozone se fait plus lentement et perdure plus longtemps quand les quantités de COV sont moindres (Figure III- 27).

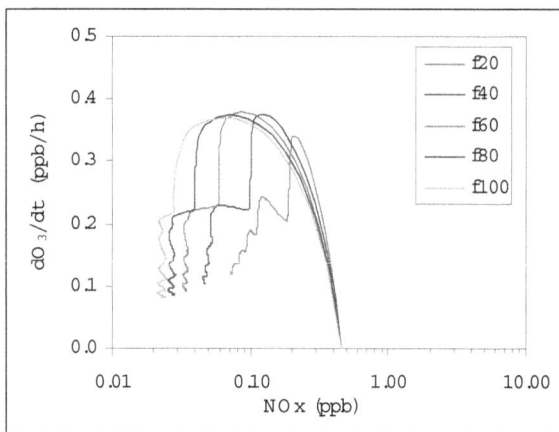

Figure III- 27 : Evolution de la vitesse de production d'ozone horaire en fonction des concentrations en NOx et pour différentes charges initiales en COV

4.3.4. Production des radicaux OH

Le radical OH est un acteur majeur dans la troposphère initiant la majorité des réactions chimiques et la production d'ozone (cf. Figure I- 2). Nous avons donc jugé intéressant de suivre son évolution dans les différents scénarios simulés. Sur la Figure III- 28, les évolutions diurnes des concentrations du radical OH simulées en fonction du temps sont reportées.

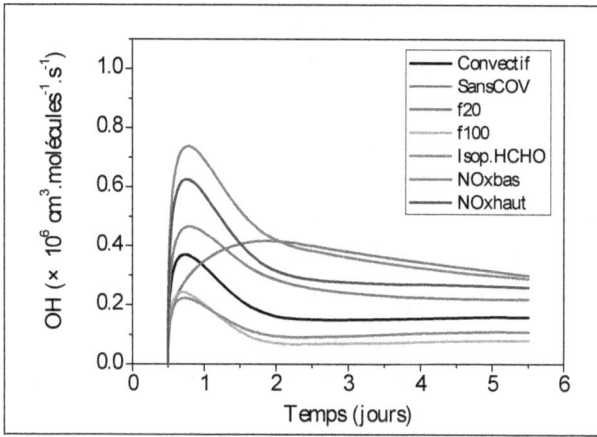

Figure III- 28 : Evolution temporelle diurne des concentrations de OH sous
l'influence des COV et des NOx

La quantité du radical OH augmente la 1ère journée du fait de l'injection de
composés source de OH comme les COV ou l'ozone (sachant qu'on part des
concentrations nulles en OH à t=0). Sur les deux premiers jours, les
concentrations sont les plus importantes. Les concentrations les plus élevées
sont observées pour le cas «isop.HCHO». Les jours suivants son influence n'est
pas significative. Son temps de vie court fait qu'il est consommé dès la première
journée. Sur les diverses simulations effectuées, les quantités de OH formées le
premier jour sont sensibles aux niveaux de NOx et de COV. Des quantités plus
importantes en NOx génèrent indirectement plus de OH tandis que à des niveaux
plus élevés en COV, il se produit moins de OH. Le pic de OH observé la
première journée pour les différentes simulations est absent dans le cas « Sans
COV » ce qui montre le rôle double des COV sur le bilan de OH : ils sont
essentiels pour sa formation, tout en étant un puits considérable. Sur les jours
suivants, les concentrations vont se stabiliser avec une tendance à

l'accumulation du radical OH après les premiers jours puisque les concentrations en NOx et COV, ses puits essentiels, diminuent.

4.4. Conclusions

Le modèle de boîte MCM v.3 a été utilisé pour évaluer l'impact de la convection nuageuse profonde sur la production d'ozone et sa sensibilité aux charges initiales en précurseurs gazeux (NOx et COV). Pour cela, nous avons établi un certain nombre de scénarios basés sur des quantités de NOx et de COV variables mais représentatives des niveaux susceptibles d'être rencontrés dans la HT de l'Afrique de l'Ouest. Le modèle de boîte 0D a par ailleurs été adapté aux conditions physico-chimiques de la haute troposphère.

Les résultats des simulations montrent que le transport efficace et rapide de composés gazeux précurseurs par la convection conduit à une production significative d'ozone dans la haute troposphère tropicale de l'Afrique de l'Ouest. Si la convection diminue les concentrations en ozone les deux premiers jours, un bilan net d'ozone positif entre 2 et 20 % a été calculé au bout de 5 jours. Le taux de production d'ozone moyen journalier sur 5 jours suivant l'épisode convectif est de 4 ppb/jour. Il est le plus important le premier jour (7,5 ppb/jour) puis diminue les jours suivants. Ces taux sont en accord avec d'autres études.

Si la production d'ozone est très sensible aux NOx, les COV quant à eux en modifient l'amplitude et l'évolution. Les COV apportés par la convection constituent, d'une part, via la formation de nitrates organiques, un réservoir de NOx dans la haute troposphère tropicale de l'Afrique de l'Ouest, d'autant plus important que les charges initiales en COV augmentent. Des quantités plus importantes en COV injectées dans la HT mèneraient donc à une production d'ozone moins importante. L'azote réactif stocké sous forme de nitrates organiques pourra être potentiellement restitué ultérieurement sous forme de NOx et contribuer à une formation différée d'ozone au cours du transport longue distance des masses d'air. Ceci constitue un résultat tout à fait majeur. En effet, l'impact des COV sur la production d'ozone dans la haute troposphère vient à l'encontre des concepts les plus couramment utilisés et qui sont fondés sur des situations « classiques » (urbain, périurbain, rural…). Conformément à nos attentes, la production d'ozone est très sensible à l'isoprène. Avec le formaldéhyde, ils sont responsables de plus de 50 % de la production d'ozone apportée par les COV. D'autre part, les quantités initiales de COV disponibles modifient la cinétique horaire de production d'ozone et sa dépendance aux concentrations en NOx.

Les résultats des simulations dans l'enclume convective des 4 MCS explorés montrent que la convection nuageuse profonde affecte considérablement la chimie de la HT tropicale de l'Afrique de l'Ouest. La réalité peut évidemment être beaucoup plus complexe. Les mécanismes simples présentés ici permettent cependant de comprendre les déterminants majeurs de la sensibilité de la production d'ozone aux NOx et aux COV dans la grande diversité des situations que l'on peut rencontrer en Afrique de l'Ouest tropicale.

Conclusions et perspectives

L'objectif principal de ce travail a été de caractériser et d'évaluer l'impact de la convection nuageuse profonde sur la chimie photooxydante de la haute troposphère tropicale en Afrique de l'Ouest, en particulier pour les COV. En effet, les systèmes convectifs de méso-échelle (MCS), très fréquents en saison de mousson, sont un des facteurs clé gouvernant la chimie dans les régions tropicales. Cependant, leur implication est encore mal établie, notamment sur la production d'ozone, et représentée de manière peu satisfaisante dans les modèles de chimie-transport. Afin de pallier ces incertitudes, le programme de recherche multidisciplinaire AMMA (Analyse Multidisciplinaire de la Mousson Africaine) a été mis en place, dans le but plus large d'améliorer les connaissances et la compréhension de la mousson, de sa variabilité et de ses impacts en l'Afrique de l'Ouest. Les observations sur la région étant jusque-là rares, AMMA a permis la constitution d'une base de données conséquente pour cette région du globe.

Un important parc instrumental a été mis en œuvre sur plusieurs campagnes de mesure. Durant la campagne de mesures intensive de l'été 2006 (SOP 2a2). Les deux avions de recherche français, l'ATR-42 et le F-F20, ont été déployés pour caractériser la composition chimique de la troposphère, depuis la surface jusqu'à la haute troposphère. Ce travail de thèse, qui s'inscrit dans le cadre de ce programme, s'appuie sur les observations physico-chimiques conduites par les deux avions de recherche français durant la SOP 2a2. L'approche a consisté en (i) la mise au point d'une nouvelle instrumentation de mesure des COV (AMOVOC), venant compléter le dispositif instrumental existant des moyens aéroportés, (ii) la mise en place d'outils diagnostiques de traitement des données, pour les COV en particulier et (iii) de la modélisation photochimique 0D pour évaluer la production d'ozone consécutive aux épisodes convectifs.

(i) La nouvelle instrumentation développée consiste en un préleveur AMOVOC embarqué (Airborne Measurement of Volatile Organic Compounds), couplé à divers systèmes analytiques chromatographiques au laboratoire (GC-MS et HPLC). Elle permet, d'une part, le prélèvement sur cartouches d'adsorbants de 15 HCNM regroupant des alcanes, des alcènes et des aromatiques, contenant entre 5 et 9 atomes de carbone, avec un pas de temps de 10 minutes. Associé à un système de thermodésorption/GC-MS, la méthode mise au point présente une limite de détection inférieure à 10 ppt et une précision de 14 %. D'autre part, elle permet la mesure du formaldéhyde prélevé sur support liquide et sa détection avec une limite de détection de 25 ppt en HPLC-UV.

A l'issu de ce travail, nous disposons d'un système opérationnel, performant et fiable, dont la conception répond à toutes les contraintes aéronautiques.

Durant la SOP 2a2, AMOVOC, disponible en trois exemplaires, a été déployé sur les deux avions de recherche français et a donc permis de couvrir toute la colonne troposphérique, depuis la surface jusqu'à 12 km d'altitude. Deux cents échantillons de COV ont été collectés et analysés. Ces observations contribuent à la constitution d'une base de données chimique conséquente et unique pour l'Afrique de l'Ouest.

(ii) L'analyse descriptive de la distribution horizontale et verticale de traceurs physico-chimiques (ozone, CO et humidité relative) et des HCNM a permis dans un premier temps de caractériser physico-chimiquement la troposphère de l'Afrique de l'Ouest (0-12 km). Cette distribution est fortement influencée par les émissions de surface, le transport à longue distance des masses d'air et la redistribution verticale des émissions par les systèmes convectifs de méso-échelle. Dans la couche limite de surface, la distribution présente une grande variabilité dans la composition chimique atmosphérique corrélée au gradient de surface, depuis la région sahélienne, au Nord, jusqu'à la forêt tropicale, au Sud. Les composés biogéniques (isoprène en particulier) montrent une abondance remarquable au-dessus de la forêt. Les composés anthropiques quant à eux ne sont présents en quantités significatives qu'à proximité des sites urbains : Niamey au Niger et Cotonou au Benin.

(ii) Dans un deuxième temps, divers outils diagnostiques de traitement des données appliqués aux observations de HCNM (profils de concentrations, indicateurs de convection, rapports de concentrations, « horloge » photochimique, réactivité des masses d'air, fraction de CLA injectée dans la haute troposphère, temps de transport vertical) ont été mis en place pour caractériser la convection nuageuse profonde sur la chimie de la haute troposphère. Les concentrations en HCNM dans la haute troposphère sont contrôlées par deux facteurs principaux : la photochimie et le transport convectif. Il apparaît que la convection nuageuse profonde assure, d'une part, un transport rapide des espèces même les plus réactives comme l'isoprène. Le temps de transport vertical au sein des systèmes convectifs a été évalué à 25 ± 10 minutes. La convection nuageuse profonde assure, d'autre part, un transport efficace de ces mêmes espèces : la fraction des masses d'air de la couche limite retrouvée dans l'enclume du MCS est estimée à 40 ± 15 %. Les concentrations en HCNM mesurées dans la haute troposphère sont jusqu'à deux fois plus élevées dans les masses d'air affectées par la convection. En conséquence, la réactivité totale des masses d'air vis-à-vis du radical OH dans la haute troposphère double dans des conditions convectives ($R_{OH}=0,95$ s^{-1}) comparativement aux conditions non perturbées par la convection ($R_{OH}=0,52$ s^{-1}). Elle atteint et peut même dépasser la réactivité observée dans la basse troposphère ($R_{OH}=0,82$ s^{-1}) (ce dépassement est vraisemblablement dû à une dilution moins importante dans la HT que dans la CLA).

Ces résultats attestent de la performance de la méthodologie mise en place et de la complémentarité des outils utilisant les observations de HCNM pour caractériser l'impact de la convection.

(iii) Dans un troisième temps, une approche par modélisation, utilisant un modèle de boîte 0D, a permis d'établir l'impact de la convection nuageuse profonde sur la chimie photooxydante dans la haute troposphère et, en particulier, sur le bilan de l'ozone et sa sensibilité à ses précurseurs : NOx et COV. Les résultats des simulations montrent que la convection conduit à une production nette d'ozone dans la haute troposphère. L'effet de cette production ne devient significatif qu'au bout de 2,5 jours où les niveaux d'ozone dans les masses d'air convectives dépassent les niveaux d'ozone de fond (+10 %). La vitesse de production d'ozone varie avec le temps. Elle est plus importante le premier jour (7,5 ppb/jour) puis diminue les jours suivants (2,5 ppb/jour après le 3ème jour). Si la production d'ozone est très sensible aux NOx, les COV quant à eux en modifient l'amplitude et l'évolution. L'isoprène et le formaldéhyde sont responsables à eux seuls de plus de 50 % de la production d'ozone en plus apportée par les COV. Contrairement à nos attentes, les COV apportés par la convection constituent, d'une part, via la formation de nitrates organiques, un réservoir de NOx dans la haute troposphère tropicale de l'Afrique de l'Ouest, d'autant plus important que les charges initiales en COV augmentent. Des quantités plus importantes en COV injectées dans la HT mènent donc à une production d'ozone moins importante. L'azote réactif stocké sous forme de nitrates organiques pourra être potentiellement restitué ultérieurement sous forme de NOx et contribuer à une formation différée d'ozone au cours du transport longue distance des masses d'air. Ceci constitue un résultat tout à fait majeur. En effet, l'impact des COV sur la production d'ozone dans la haute troposphère vient à l'encontre des concepts les plus couramment utilisés. D'autre part, les quantités initiales de COV disponibles modifient la cinétique de production horaire d'ozone et sa dépendance aux concentrations en NOx.

Sur la base d'une approche couplant observations in situ, traitement des données et modélisation 0D, les résultats de ce travail contribuent à une meilleure compréhension des processus complexes de chimie-transport gouvernant la chimie photooxydante en Afrique de l'Ouest en permettant une meilleure caractérisation et évaluation de l'impact du transport convectif en saison de mousson. Ils permettent de réduire les incertitudes sur la réactivité atmosphérique et la capacité oxydante atmosphérique en Afrique de l'Ouest en montrant, pour la première fois, que l'impact des COV sur la production d'ozone dans la haute troposphère vient à l'encontre des concepts les plus couramment utilisés et qui sont fondés sur des situations « classiques ». Cette ébauche mériterait une exploration plus approfondie. Ces résultats apportent par ailleurs des éléments de contrainte supplémentaires pour paramétrer les modèles et en améliorer les prédictions dans cette région du globe.

Plusieurs pistes peuvent être proposées afin d'entreprendre des travaux de recherches futurs :

o Du point de vue instrumental, d'une part, le couplage de AMOVOC avec une instrumentation assurant une mesure en continu à une fréquence plus rapide comme le PTR-MS permettrait des mesures complémentaires et un meilleur suivi des concentrations et des gradients de COV dans l'enclume convective pour certains COV traceurs. D'autre part, la gamme des COV visés n'est pas exhaustive et l'élargissement des composés ciblés et notamment la mesure de la fraction légère (C2-C4) ou encore des COV secondaires (oxygénés, carbonylés…) doivent être réalisés, en adaptant la nature des adsorbants carbonés. Cela ajouterait à la liste des composés mesurés des traceurs utiles comme l'éthane (C_2H_6) ou l'acétonitrile, traceur stable des feux de biomasse avec un temps de vie de plusieurs semaines. Aussi, les résultats de modélisation rappellent l'importance des nitrates organiques dans les processus chimiques et leur implication dans la production différée d'ozone. Il est important d'assurer leur mesure durant les campagnes d'observations en rapport avec la chimie photooxydante.

o Du point de vue de la stratégie expérimentale, dans le cadre de campagnes de mesures aéroportées, les mesures simultanées de COV, NOx, CO, ozone mais aussi nitrates organiques (PAN) dans l'enclume active des MCS mais aussi dans l'enclume résiduelle, plusieurs jours après le passage du MCS, doit être menée systématiquement afin de valider les sorties des modèles et l'hypothèse du transport d'azote réactif par les espèces réservoirs. Durant AMMA, l'association de plusieurs plateformes aéroportées a permis d'explorer des enclumes actives (F-Falcon 20) ou plus âgées (D-Falcon 20) mais le dispositif instrumental différait d'une plateforme à l'autre (absence de COV sur le D-F20). Le couplage de ces données s'est avéré délicat surtout pour des structures aussi complexes que les MCS qui peuvent être différentes de par leur intensité, propriétés, compositions et caractéristiques.

o Du point de vue de la modélisation, l'étude de la sensibilité de la production d'ozone aux COV pourrait être approfondie. En effet, seuls 15 composés (HCNM de C5 à C9) ont été bien identifiés et considérés sur la base des observations. Il est attendu que l'élargissement à une plus large gamme de COV, notamment oxygénés, généralement abondants dans ces régions du globe et plus réactifs, modifient la contribution de la fraction organique gazeuse à la production d'ozone.

Références bibliographiques

Afonso, M., et Fétéké, F., "Réalisation et optimisation d'un système de conditionnement de cartouches d'adsorbants." Rapport de stage - Licence Science de la matière: Université Paris 12.2006

Aghedo, A. M., Schultz, M. G., et Rast, S., The influence of African air pollution on regional and global tropospheric ozone, Atmospheric Chemistry and Physics, 7, 1193-1212, 2007.

Ancellet, G., Leclair de Bellevue, J., Mari, C., Nedelec, P., Kukui, A., Borbon, A., et Perros, P., Effects of regional-scale and convective transports on tropospheric ozone chemistry revealed by aircraft observations during the wet season of the AMMA campaign, Atmos. Chem. Phys., 9, 383-411, 2009.

Ancellet, G., Mari, C., Leclair de Bellevue, J., Nedelec, P., Perros, P., et al., "Ozone and precursor distributions in the plumes of West African cities." IGAC 10th International Conference. Annecy, France.2008

Andreae, M. O., Browell, E. V., Garstang, M., Gregory, G. L., Harriss, R. C., et al., Biomass-Burning Emissions and Associated Haze Layers over Amazonia, Journal of Geophysical Research-Atmospheres, 93, 1509-1527, 1988.

Andreae, M. O., et Merlet, P., Emission of trace gases and aerosols from biomass burning, Global Biogeochemical Cycles, 15, 955-966, 2001.

Andrés-Hernández, M. D., Kartal, D., Reichert, L., Burrows, J. P., Meyer Arnek, J., et al., Peroxy radical observations over West Africa during AMMA 2006: photochemical activity in the outflow of convective systems, Atmos. Chem. Phys., 9, 3681–3695, 2009.

Apel, E. C., Calvert, J. G., Gilpin, T. M., Fehsenfeld, F., et Lonneman, W. A., Nonmethane Hydrocarbon Intercomparison Experiment (NOMHICE): Task 4, ambient air, Journal of Geophysical Research-Atmospheres, 108, 2003.

Atkinson, R., Atmospheric chemistry of VOCs and NOx, Atmospheric Environment, 34, 2063-2101, 2000.

Atkinson, R.: Kinetics of the gas-phase reactions of OH radicals with alkanes and cycloalkanes, Atmos. Chem. Phys., 3, 2233–2307, doi:10.5194/acp-3-2233-2003, 2003.

Atkinson, R., et Arey, J., Atmospheric Degradation of Volatile Organic Compounds, Chemical Reviews, 103, 4605-4638, 2003.

Atkinson, R., Baulch, D. L., Cox, R. A., Crowley, J. N., Hampson, R. F., et al., Evaluated kinetic and photochemical data for atmospheric chemistry: Volume II - gas phase reactions of organic species, Atmospheric Chemistry and Physics, 6, 3625-4055, 2006.

Aumont, B., Szopa, S., et Madronich, S., Modelling the evolution of organic carbon during its gas-phase tropospheric oxidation: development of an explicit model based on a self-generating approach, Atmospheric Chemistry and Physics, 5, 2497-2517, 2005.

Badjagbo, K., Moore, S., et Sauve, S., Real-time continuous monitoring methods for airborne VOCs, Trac-Trends in Analytical Chemistry, 26, 931-940, 2007.

Baehr, J., Schlager, H., Ziereis, H., Stock, P., van Velthoven, P., et al., Aircraft observations of NO, NOy, CO, and O-3 in the upper troposphere from 60 degrees N to 60 degrees S - Interhemispheric differences at mitlatitudes, Geophysical Research Letters, 30, 2003.

Barret, B., Ricaud, P., Mari, C., Attie, J. L., Bousserez, N., et al., Transport pathways of CO in the African upper troposphere during the monsoon season: a study based upon the assimilation of spaceborne observations, Atmospheric Chemistry and Physics, 8, 3231-3246, 2008.

Bechara, J., Borbon, A., Jambert, C., Colomb, A., et Perros, P. E., Evidence of the impact of deep convection on reactive Volatile Organic Compounds in the upper tropical troposphere during the AMMA experiment in West Africa, Atmos. Chem. Phys. Discuss., 9, 20309-20346, 2009.

Bechara, J., Borbon, A., Jambert, C., et Perros, P. E., New off-line aircraft instrumentation for non-methane hydrocarbon measurements, Analytical and Bioanalytical Chemistry, 392, 865-876, 2008.

Bertram, T. H., Perring, A. E., Wooldridge, P. J., Crounse, J. D., Kwan, A. J., et al., Direct measurements of the convective recycling of the upper troposphere, Science, 315, 816-820, 2007.

Blake, N. J., Blake, D. R., Sive, B. C., Chen, T. Y., Rowland, F. S., et al., Biomass burning emissions and vertical distribution of atmospheric methyl halides and other reduced carbon gases in the South Atlantic region, Journal of Geophysical Research-Atmospheres, 101, 24151-24164, 1996.

Blake NJ, Blake DR, Chen T-Y Collins JE Jr, Sachse GW, Anderson BE, Rowland FS, J. Geophys. Res. 102:28315–28332, 1997

Blake, N. J., Blake, D. R., Wingenter, O. W., Sive, B. C., Kang, C. H., et al., Aircraft measurements of the latitudinal, vertical, and seasonal variations of NMHCs, methyl nitrate, methyl halides, and DMS during the First Aerosol Characterization Experiment (ACE 1), Journal of Geophysical Research-Atmospheres, 104, 21803-21817, 1999.

Boissard, C., Bonsang, B., Kanakidou, M., et Lambert, G., TROPOZ II: Global distributions and budgets of methane and light hydrocarbons, Journal of Atmospheric Chemistry, 25, 115-148, 1996.

Bonsang, B., et Boissard, C., "Global distribution of reactive hydrocarbons in the atmosphere." In A. Press (ed.), Reactive hydrocarbons in the atmosphere. San Diego, California.1999

Borbon, A., Coddeville, P., Locoge, N., and Galloo, J. C.: Characterising sources and sinks of rural VOC in eastern France, Chemosphere, 57, 931–942, 2004.

Brenninkmeijer, C. A. M., Crutzen, P., Boumard, F., Dauer, T., Dix, B., et al., Civil Aircraft for the regular investigation of the atmosphere based on an instrumented container: The new CARIBIC system, Atmospheric Chemistry and Physics, 7, 4953-4976, 2007.

Camredon, M., et Aumont, B., Modélisation de l'ozone et des photooxydants troposphériques. I. L'ozone troposphérique : production/consommation et régimes chimiques, Pollution Atmosphérique, 193, 2007.

Carter, W. P. L.: Development of Ozone Reactivity Scales for Volatile Organic-Compounds, J. Air Waste Manage. Assoc., 44, 881–899, 1994.

Clement, M., Arzel, S., Le Bot, B., Seux, R., et Millet, M., Adsorption/thermal desorption-GC/MS for the analysis of pesticides in the atmosphere, Chemosphere, 40, 49-56, 2000.

Clemitshaw, K. C., A review of instrumentation and measurement techniques for ground-based and airborne field studies of gas-phase tropospheric chemistry, Critical Reviews in Environmental Science and Technology, 34, 1-108, 2004.

Cohan, D. S., Schultz, M. G., Jacob, D. J., Heikes, B. G., and Blake, D. R.: Convective injection and photochemical decay of peroxides in the tropical upper troposphere: Methyl iodide as a tracer of marine convection, J. Geophys. Res. Atmos., 104, 5717–5724, 1999

Collins, W. J., Stevenson, D. S., Johnson, C. E., et Derwent, R. G., Role of convection in determining the budget of odd hydrogen in the upper troposphere, Journal of Geophysical Research-Atmospheres, 104, 26927-26941, 1999.

Colman, J. J., Swanson, A. L., Meinardi, S., Sive, B. C., Blake, D. R., et Rowland, F. S., Description of the analysis of a wide range of volatile organic compounds in whole air samples collected during PEM-Tropics A and B, Analytical Chemistry, 73, 3723-3731, 2001.

Colomb, A., Williams, J., Crowley, J., Gros, V., Hofmann, R., et al., Airborne measurements of trace organic species in the upper troposphere over Europe: the impact of deep convection, Environmental Chemistry, 3, 244-259, 2006.

Crawford, J., Davis, D., Olson, J., Chen, G., Liu, S., et al., Assessment of upper tropospheric HOx sources over the tropical Pacific based on NASA GTE/PEM data: Net effect on HOx and other photochemical parameters, Journal of Geophysical Research-Atmospheres, 104, 16255-16273, 1999.

Crutzen, P. J., My life with O-3, NOx, and other YZO(x) compounds (Nobel lecture), Angewandte Chemie-International Edition in English, 35, 1758-1777, 1996.

Crutzen, P. J., et Andreae, M. O., Biomass Burning in the Tropics - Impact on Atmospheric Chemistry and Biogeochemical Cycles, Science, 250, 1669-1678, 1990.

Crutzen, P. J., Lawrence, M. G., et Poschl, U., On the background photochemistry of tropospheric ozone, Tellus Series a-Dynamic Meteorology and Oceanography, 51, 123-146, 1999.

Crutzen, P. J., Williams, J., Poschl, U., Hoor, P., Fischer, H., et al., High spatial and temporal resolution measurements of primary organics and their oxidation products over the tropical forests of Surinam, Atmospheric Environment, 34, 1161-1165, 2000.

Crutzen, P. J., et Zimmermann, P. H., The Changing Photochemistry of the Troposphere, Tellus Series a-Dynamic Meteorology and Oceanography, 43, 136-151, 1991.

De Gouw, J., et Warneke, C., Measurements of volatile organic compounds in the earths atmosphere using proton-transfer-reaction mass spectrometry, Mass Spectrometry Reviews, 26, 223-257, 2007.

Delmas, R., Mégie, G., et Peuch, V. H., Physique et chimie de l'atmosphère.2005

Delmas, R. A., Druilhet, A., Cros, B., Durand, P., Delon, C., et al., Experiment for Regional Sources and Sinks of Oxidants (EXPRESSO): An overview, Journal of Geophysical Research-Atmospheres, 104, 30609-30624, 1999.

Delon, C., Reeves, C. E., Stewart, D. J., Serca, D., Dupont, R., et al., Biogenic nitrogen oxide emissions from soils - impact on NOx and ozone over West Africa during AMMA (African Monsoon Multidisciplinary Experiment): modelling study, Atmospheric Chemistry and Physics, 8, 2351-2363, 2008.

Derwent, R. G., Simmonds, P. G., Seuring, S., et Dimmer, C., Observation and interpretation of the seasonal cycles in the surface concentrations of ozone and carbon monoxide at Mace Head, Ireland from 1990 to 1994, Atmospheric Environment, 32, 145-157, 1998.

Dessler, A. E.: The effect of deep tropical convection on the tropical tropopause layer, J. Geophys. Res.-Atmos., 107(D3), 4033, doi:10.1029/2001JD000511, 2002.

Dickerson, R. R., Huffman, G. J., Luke, W. T., Nunnermacker, L. J., Pickering, K. E., et al., Thunderstorms - an Important Mechanism in the Transport of Air-Pollutants, Science, 235, 460-464, 1987.

Doherty, R. M., Stevenson, D. S., Collins, W. J., et Sanderson, M. G., Influence of convective transport on tropospheric ozone and its precursors in a chemistry-climate model, Atmospheric Chemistry and Physics, 5, 3205-3218, 2005.

Dommen, J., Prevot, A. S. H., Polo, I., Neininger, B., et Baumle, M., Airborne NMHC measurements under various pollution conditions, International Journal of Vehicle Design, 27, 217-227, 2001.

Eerdekens, G., Ganzeveld, L., de Arellano, J. V. G., Klupfel, T., Sinha, V., et al., Flux estimates of isoprene, methanol and acetone from airborne PTR-MS measurements over the tropical rainforest during the GABRIEL 2005 campaign, Atmospheric Chemistry and Physics, 9, 4207-4227, 2009.

Ehhalt, D. H., Rudolph, J., Meixner, F., et Schmidt, U., Measurements of Selected C2-C5 Hydrocarbons in the Background Troposphere - Vertical and Latitudinal Variations, Journal of Atmospheric Chemistry, 3, 29-52, 1985.

Ellis, W. G., Thompson, A. M., Kondragunta, S., Pickering, K. E., Stenchikov, G., Dickerson, R. R., et Tao, W. K., Potential ozone production following convective transport based on future emission scenarios, Atmospheric Environment, 30, 667-672, 1996.

Eskes, H. J., van Velthoven, P. F. J., et Kelder, H. M., Global ozone forecasting based on ERS-2 GOME observations, Atmospheric Chemistry and Physics, 2, 271-278, 2002.

Evans, W. F. J., et Puckrin, E., An Observation of the Greenhouse Radiation-Associated with Carbon-Monoxide, Geophysical Research Letters, 22, 925-928, 1995.

Fairhead, J., et Leach, M., Reconsidering the extent of deforestation in twentieth century West Africa, Unasylva, 1998.

Finlayson-Pitts, B. J., et Pitts, J. N., Chemistry of the upper and lower atmosphere.2000

Fischer, H., de Reus, M., Traub, M., Williams, J., Lelieveld, J., et al., Deep convective injection of boundary layer air into the lowermost stratosphere at midlatitudes, Atmos. Chem. Phys., 3, 739-745, 2003.

Fishman, J., Hoell, J. M., Bendura, R. D., McNeil, R. J., et Kirchhoff, V., NASA GTE TRACE A experiment (September October 1992): Overview, Journal of Geophysical Research-Atmospheres, 101, 23865-23879, 1996.

Fishman, J., Watson, C. E., Larsen, J. C., et Logan, J. A., Distribution of Tropospheric Ozone Determined from Satellite Data, Journal of Geophysical Research-Atmospheres, 95, 3599-3617, 1990.

Fishman, J., Wozniak, A. E., et Creilson, J. K., Global distribution of tropospheric ozone from satellite measurements using the empirically corrected tropospheric ozone residual technique: Identification of the regional aspects of air pollution, Atmospheric Chemistry and Physics, 3, 893-907, 2003.

Folkins, I., Braun, C., Thompson, A. M., et Witte, J., Tropical ozone as an indicator of deep convection, Journal of Geophysical Research-Atmospheres, 107, 2002.

Folkins, I., Wennberg, P. O., Hanisco, T. F., Anderson, J. G., et Salawitch, R. J., OH, HO2, and NO in two biomass burning plumes: Sources of HOx and implications for ozone production, Geophysical Research Letters, 24, 3185-3188, 1997.

Folland, C. K., Palmer, T. N., et Parker, D. E., Sahel rainfall and worldwide sea temperatures, 1901-85, 320, 602-607, 1986.

Fontan, J., Druilhet, A., Benech, B., Lyra, R., et Cros, B., The Decafe Experiments - Overview and Meteorology, Journal of Geophysical Research-Atmospheres, 97, 6123-6136, 1992.

Forster, C., Wandinger, U., Wotawa, G., James, P., Mattis, I., et al., Transport of boreal forest fire emissions from Canada to Europe, Journal of Geophysical Research-Atmospheres, 106, 22887-22906, 2001.

Fuelberg, H. E., Newell, R. E., Longmore, S. P., Zhu, Y., Westberg, D. J., et al., A meteorological overview of the Pacific Exploratory Mission (PEM) Tropics period, Journal of Geophysical Research-Atmospheres, 104, 5585-5622, 1999.

Galbally, I. E., et Roy, C. R., Destruction of ozone at the earth's surface, The Quarterly Journal of the Royal Meteorological Society, 106, 599 - 620, 2007.

Gawrys M, Fastyn P, Gawlowski J, Gierczak T, Niedzielski J, J. Chromatogr. A 933:107–116, 2001

Ghauch, A., et Baussand, P., Le MMSS (Multiple Manual Sampling System), 2001

Ginoux, P., Chin, M., Tegen, I., Prospero, J. M., Holben, B., Dubovik, O., et Lin, S. J., Sources and distributions of dust aerosols simulated with the GOCART model, Journal of Geophysical Research-Atmospheres, 106, 20255-20273, 2001.

Goldan, P. D., Parrish, D. D., Kuster, W. C., Trainer, M., McKeen, S. A., et al., Airborne measurements of isoprene, CO, and anthropogenic hydrocarbons and their implications, Journal of Geophysical Research-Atmospheres, 105, 9091-9105, 2000.

Granier, C., Pétron, G., Müller, J.-F., et Brasseur, G., The impact of natural and anthropogenic hydrocarbons on the tropospheric budget of carbon monoxide, Atmospheric Environment, 34, 5255-5270, 2000.

Greenberg, J. P., et Zimmerman, P. R., Nonmethane Hydrocarbons in Remote Tropical, Continental, and Marine Atmospheres, Journal of Geophysical Research-Atmospheres, 89, 4767-4778, 1984.

Guenther, A., Hewitt, C. N., Erickson, D., Fall, R., Geron, C., et al., A Global-Model of Natural Volatile Organic-Compound Emissions, Journal of Geophysical Research-Atmospheres, 100, 8873-8892, 1995.

Hallama, R. A., Rosenberg, E., et Grasserbauer, M., Development and application of a thermal desorption method for the analysis of polar volatile organic compounds in workplace air, Journal of Chromatography A, 809, 47-63, 1998.

Hao, W. M., Ward, D. E., Olbu, G., et Baker, S. P., Emissions of CO2, CO, and hydrocarbons from fires in diverse African savanna ecosystems, Journal of Geophysical Research-Atmospheres, 101, 23577-23584, 1996.

Hauf, T., Schulte, P., Alheit, R., et Schlager, H., Rapid vertical trace gas transport by an isolated midlatitude thunderstorm, J. Geophys. Res., 100, 1995.

Hauglustaine, D. A., Brasseur, G. P., Walters, S., Rasch, P. J., Muller, J. F., Emmons, L. K., et Carroll, C. A., MOZART, a global chemical transport model for ozone and related chemical tracers 2. Model results and evaluation, Journal of Geophysical Research-Atmospheres, 103, 28291-28335, 1998.

Helas, G., Andreae, M. O., Schebeske, G., et Lecanut, P., Safari-94 - a Preliminary View of Results, South African Journal of Science, 91, 360-362, 1995.

Helmig D, Vierling L, Anal Chem 67:4380–4386, 1995

Hewitt, C. N., Reactive Hydrocarbons in the Atmosphere. San Diego, California.1999

Houze, R. A., Mesoscale convective systems, Reviews of Geophysics, 42, 2004.

Huntrieser, H., Schlager, H., Roiger, A., Lichtenstern, M., Schumann, U., et al., Lightning-produced NOx over Brazil during TROCCINOX: airborne measurements in tropical and subtropical thunderstorms and the importance of mesoscale convective systems, Atmospheric Chemistry and Physics, 7, 2987-3013, 2007.

Jacob, La métrologie des Composés Organiques Volatils (COV) : méthodes et difficultés, Analusis Magazine, 9, 1998.

Jacob, D. J., et al., Origin of ozone and NOx in the tropical troposphere: A photochemical analysis of aircraft observations over the South Atlantic basin, J. Geophys. Res., 101, 235–250, 1996.

Jacobson, M. C., Hansson, H. C., Noone, K. J., et Charlson, R. J., Organic atmospheric aerosols: Review and state of the science, Reviews of Geophysics, 38, 267-294, 2000.

Jaeglé, L., Jacob, D. J., Brune, W. H., et Wennberg, P. O., Chemistry of HOx radicals in the upper troposphere, Atmospheric Environment, 35, 469-489, 2001.

Jenkin, M. E., Saunders, S. M., Wagner, V., et Pilling, M. J., Protocol for the development of the Master Chemical Mechanism, MCM v3 (Part B):

tropospheric degradation of aromatic volatile organic compounds, Atmospheric Chemistry and Physics, 3, 181-193, 2003.

Jenkins, G. S., Mohr, K., Morris, V. R., et Arino, O., The role of convective processes over the Zaire-Congo Basin to the southern hemispheric ozone maximum, Journal of Geophysical Research-Atmospheres, 102, 18963-18980, 1997.

Jenkins, G. S., et Ryu, J. H., Space-borne observations link the tropical atlantic ozone maximum and paradox to lightning, Atmospheric Chemistry and Physics, 4, 361-375, 2004.

Jonquieres, I., et Marenco, A., Redistribution by deep convection and long-range transport of CO and CH4 emissions from the Amazon basin, as observed by the airborne campaign TROPOZ II during the wet season, Journal of Geophysical Research-Atmospheres, 103, 19075-19091, 1998.

Jonquieres, I., Marenco, A., Maalej, A., et Rohrer, F., Study of ozone formation and transatlantic transport from biomass burning emissions over West Africa during the airborne Tropospheric Ozone Campaigns TROPOZ I and TROPOZ II, Journal of Geophysical Research-Atmospheres, 103, 19059-19073, 1998.

Kanakidou, M., Myriokefalitakis, S., et Tsigaridis, K., Global Modelling of Secondary Organic Aerosol (Soa) Formation: Knowledge and Challenges, Simulation and Assessment of Chemical Processes in a Multiphase Environment, 149-165, 2008.

Karl, T. G., Christian, T. J., Yokelson, R. J., Artaxo, P., Hao, W. M., et Guenther, A., The Tropical Forest and Fire Emissions Experiment: method evaluation of volatile organic compound emissions measured by PTR-MS, FTIR, and GC from tropical biomass burning, Atmospheric Chemistry and Physics, 7, 5883-5897, 2007.

Karbiwnyk CM, Mills CS, Helmig D, Birks JW, J Chromatogr A, 958:219–229, 2002

Kelly, T. J., et Holdren, M. W., Applicability of Canisters for Sample Storage in the Determination of Hazardous Air-Pollutants, Atmospheric Environment, 29, 2595-2608, 1995.

Kesselmeier, J., Kuhn, U., Wolf, A., Andreae, M. O., Ciccioli, P., et al., Atmospheric volatile organic compounds (VOC) at a remote tropical forest site in central Amazonia, Atmospheric Environment, 34, 4063-4072, 2000.

Khalil, M. A. K., et Rasmussen, R. A., The Global Cycle of Carbon-Monoxide - Trends and Mass Balance, Chemosphere, 20, 227-242, 1990.

Kley, D., Crutzen, P. J., Smit, H. G. J., Vomel, H., Oltmans, S. J., Grassl, H., et Ramanathan, V., Observations of near-zero ozone concentrations over the convective Pacific: Effects on air chemistry, Science, 274, 230-233, 1996.

Kuhn, U., Dindorf, T., Ammann, C., Rottenberger, S., Guyon, P., et al., Design and field application of an automated cartridge sampler for VOC concentration and flux measurements, J. Environ. Monit., 7, 568 - 576, 2005.

Kumar, A., et Viden, I., Volatile organic compounds: Sampling methods and their worldwide profile in ambient air, Environmental Monitoring and Assessment, 131, 301-321, 2007.

Kuntasal, O. O., Karman, D., Wang, D., Tuncel, S. G., et Tuncel, G., Determination of volatile organic compounds in different microenvironments by multibed adsorption and short-path thermal desorption followed by gas chromatographic-mass spectrometric analysis, Journal of Chromatography A, 1099, 43-54, 2005.

Lacaux, J. P., Brustet, J. M., Delmas, R., Menaut, J. C., Abbadie, L., et al., Biomass Burning in the Tropical Savannas of Ivory-Coast - an Overview of the Field Experiment Fire of Savannas (Fos/Decafe-91), Journal of Atmospheric Chemistry, 22, 195-216, 1995.

Lafore, J. P., et Moncrieff, M. W., A Numerical Investigation of the Organization and Interaction of the Convective and Stratiform Regions of

Tropical Squall Lines, Journal of the Atmospheric Sciences, 46, 521-544, 1989.

Laing, A. G., et Fritsch, J. M., Mesoscale Convective Complexes in Africa, Monthly Weather Review, 121, 2254-2263, 1993.

Lamarque, J. F., Hess, P., Emmons, L., Buja, L., Washington, W., et Granier, C., Tropospheric ozone evolution between 1890 and 1990, Journal of Geophysical Research-Atmospheres, 110, 2005.

Laurent, B., Marticorena, B., Bergametti, G., Leon, J. F., et Mahowald, N. M., Modeling mineral dust emissions from the Sahara desert using new surface properties and soil database, Journal of Geophysical Research-Atmospheres, 113, 2008.

Lawrence, M., Jockler, P., et von Kuhlmann, R., What does the global mean OH concentration tell us?, Atmos. Chem. Phys., 1, 37-49, 2001.

Lawrence, M. G., von Kuhlmann, R., Salzmann, M., et Rasch, P. J., The balance of effects of deep convective mixing on tropospheric ozone, Geophysical Research Letters, 30, 2003.

Lawrence, M. G. and Salzmann, M.: On interpreting studies of tracer transport by deep cumulus convection and its effects on atmospheric chemistry, Atmos. Chem. Phys., 8, 6037–6050, doi:10.5194/acp-8-6037-2008, 2008.

Le Cloirec, P., "Les COV dans l'environnement." In É. d. m. d. Nantes (ed.).1998

Lee, Y. N., et Zhou, X. L., Method for the Determination of Some Soluble Atmospheric Carbonyl-Compounds, Environmental Science & Technology, 27, 749-756, 1993.

Lee, Y. N., Zhou, X. L., Leaitch, W. R., et Banic, C. M., An aircraft measurement technique for formaldehyde and soluble carbonyl compounds, Journal of Geophysical Research-Atmospheres, 101, 29075-29080, 1996.

Lelieveld, J., et Crutzen, P. J., Role of Deep Cloud Convection in the Ozone Budget of the Troposphere, Science, 264, 1759-1761, 1994.

Levy, H., Normal Atmosphere - Large Radical and Formaldehyde Concentrations Predicted, Science, 173, 141-&, 1971.

Lindesay, J. A., Andreae, M. O., Goldammer, J. G., Harris, G., Annegarn, H. J., et al., International Geosphere-Biosphere Programme International Global Atmospheric Chemistry SAFARI-92 field experiment: Background and overview, Journal of Geophysical Research-Atmospheres, 101, 23521-23530, 1996.

Lindinger, W., Hansel, A., et Jordan, A., On-line monitoring of volatile organic compounds at pptv levels by means of proton-transfer-reaction mass spectrometry (PTR-MS) - Medical applications, food control and environmental research, International Journal of Mass Spectrometry, 173, 191-241, 1998.

Liousse, C., Galy-Lacaux, C., ASSAMOI, E., Ndiaye, S. A., Diop, B., et al., "Integrated Focus on West African cities (Cotonou, Bamako, Dakar, Ouagadougou, Abidjan, Niamey): Emissions, Air quality and Health impact of gases and aerosols." African Monsoon Multidisciplinary Analyses, 3rd International Conference. Ouagadougou, Burkina Faso.2009

Liu, S. C., Trainer, M., Fehsenfeld, F. C., Parrish, D. D., Williams, E. J., et al., Ozone Production in the Rural Troposphere and the Implications for Regional and Global Ozone Distributions, Journal of Geophysical Research-Atmospheres, 92, 4191-4207, 1987.

Madronich, S., et Calvert, J. G., Permutation Reactions of Organic Peroxy-Radicals in the Troposphere, Journal of Geophysical Research-Atmospheres, 95, 5697-5715, 1990.

Madronich, S., et Flocke, F., "The role of solar radiation in atmospheric chemistry." In H. o. e. chemistry (ed.): 1-26. New York: Springer.1998

Mao, J., Ren, X., Brune, W. H., Olson, J. R., Crawford, J. H., Fried, A., Huey,

L. G., Cohen, R. C., Heikes, B., Singh, H. B., Blake, D. R., Sachse, G. W., Diskin, G. S., Hall, S. R., and Shetter, R. E.: Airborne measurement of OH reactivity during INTEX-B, Atmos. Chem. Phys., 9, 163–173, doi:10.5194/acp 9-163-2009, 2009.

Marenco, A., Gouget, H., Nedelec, P., Pages, J. P., et Karcher, F., Evidence of a Long-Term Increase in Tropospheric Ozone from Pic Du Midi Data Series - Consequences - Positive Radiative Forcing, Journal of Geophysical Research-Atmospheres, 99, 16617-16632, 1994.

Marenco, A., Medale, J. C., et Prieur, S., Study of Tropospheric Ozone in the Tropical Belt (Africa, America) from Stratoz and Tropoz Campaigns, Atmospheric Environment Part a-General Topics, 24, 2823-2834, 1990.

Marenco, A., et Said, F., Meridional and Vertical Ozone Distribution in the Background Troposphere (70-Degrees-N-60-Degrees-S - 0-12km Altitude) from Scientific Aircraft Measurements During the Stratoz-Iii Experiment (June 1984), Atmospheric Environment, 23, 201-214, 1989.

Marenco, A., Thouret, V., Nedelec, P., Smit, H., Helten, M., et al., Measurement of ozone and water vapor by Airbus in-service aircraft: The MOZAIC airborne program, An overview, Journal of Geophysical Research-Atmospheres, 103, 25631-25642, 1998.

Mari, C., Chaboureau, J. P., Pinty, J. P., Duron, J., Mascart, P., et al., Regional lightning NOx sources during the TROCCINOX experiment, Atmospheric Chemistry and Physics, 6, 5559-5572, 2006.

Mari, C. H., Cailley, G., Corre, L., Saunois, M., Attie, J. L., Thouret, V., et Stohl, A., Tracing biomass burning plumes from the Southern Hemisphere during the AMMA 2006 wet season experiment, Atmospheric Chemistry and Physics, 8, 3951-3961, 2008.

Marion, T., "Mesures aéroportées des oxydes d'azote : Application à l'étude des processus de production d'ozone dans l'atmosphère tropicale." Paris 12.1998

Martin, R. V., Jacob, D. J., Logan, J. A., Bey, I., Yantosca, R. M., et al., Interpretation of TOMS observations of tropical tropospheric ozone with a global model and in situ observations, Journal of Geophysical Research-Atmospheres, 107, 2002.

Marufu, L., Dentener, F., Lelieveld, J., Andreae, M. O., et Helas, G., Photochemistry of the African troposphere: Influence of biomass-burning emissions, Journal of Geophysical Research-Atmospheres, 105, 14513-14530, 2000.

Matsuda, K., Watanabe, I., et Wingpud, V., Ozone dry deposition above a tropical forest in the dry season in northern Thailand, Atmospheric Environment, 39, 2571-2577, 2005.

Milford, J. B., Gao, D. F., Sillman, S., Blossey, P., et Russell, A. G., Total Reactive Nitrogen (No(Y)) as an Indicator of the Sensitivity of Ozone to Reductions in Hydrocarbon and Nox Emissions, Journal of Geophysical Research-Atmospheres, 99, 3533-3542, 1994.

Mitra, A. P., Indian Ocean Experiment INDOEX : An overview, Indian Journal of Marine Sciences, 33, 30-39, 2004.

Miyazaki, Y., Kita, K., Kondo, Y., Koike, M., Ko, M., et al., Springtime photochemical ozone production observed in the upper troposphere over east Asia, Journal of Geophysical Research-Atmospheres, 108, 2003.

Miyazaki, Y., Kita, K., Kondo, Y., Koike, M., Ko, M., et al., Springtime photochemical ozone production observed in the upper troposphere over east Asia, Journal of Geophysical Research-Atmospheres, 108, 2002.

Mohr, K. I., et Zipser, E. J., Mesoscale convective systems defined by their 85-GHz ice scattering signature: Size and intensity comparison over tropical oceans and continents, Monthly Weather Review, 124, 2417-2437, 1996.

Moxim, W. J., Levy, H., et Kasibhatla, P. S., Simulated global tropospheric PAN: Its transport and impact on NOx, Journal of Geophysical Research-Atmospheres, 101, 12621-12638, 1996.

Muller, J. F., et Brasseur, G., Sources of upper tropospheric HOx: A three-dimensional study, Journal of Geophysical Research-Atmospheres, 104, 1705-1715, 1999.

Murphy, J. G., Thornton, J. A., Wooldridge, P. J., Day, D. A., Rosen, R. S., et al., Measurements of the sum of HO_2NO_2 and $CH_3O_2NO_2$ in the remote troposphere, Atmospheric Chemistry and Physics, 4, 377-384, 2004.

Nakicenovic, N., Alcamo, J., Davis, G., de Vries, B., Fenhann, J., et al., "IPCC Special Report on Emissions Scenarios." C. U. Press, (ed.). Cambridge, United Kingdom and New York, NY, USA.2000

Nedelec, P., Cammas, J. P., Thouret, V., Athier, G., Cousin, J. M., et al., An improved infrared carbon monoxide analyser for routine measurements aboard commercial Airbus aircraft: technical validation and first scientific results of the MOZAIC III programme, Atmospheric Chemistry and Physics, 3, 1551-1564, 2003.

Novelli, P. C., Masarie, K. A., et Lang, P. M., Distributions and recent changes of carbon monoxide in the lower troposphere, Journal of Geophysical Research-Atmospheres, 103, 19015-19033, 1998.

NRC, "Rethinking the Ozone Problem in Urban and Regional Air Pollution." N. A. PRESS, (ed.). Washington, D.C.: National Reaseach Council.1991

Odabasi, M., Ongan, O., et Cetin, E., Quantitative analysis of volatile organic compounds (VOCs) in atmospheric particles, Atmospheric Environment, 39, 3763-3770, 2005.

Olivier, J. G. J., Bouwman, A. F., Vandermaas, C. W. M., et Berdowski, J. J. M., Emission Database for Global Atmospheric Research (Edgar), Environmental Monitoring and Assessment, 31, 93-106, 1994.

Parrish, D. D., Trainer, M., Buhr, M. P., Watkins, B. A., et Fehsenfeld, F. C., Carbon-Monoxide Concentrations and Their Relation to Concentrations of Total Reactive Oxidized Nitrogen at 2 Rural United-States Sites, Journal of Geophysical Research-Atmospheres, 96, 9309-9320, 1991.

Perros, P. E., Large-Scale Distribution of Peroxyacetylnitrate from Aircraft Measurements During the Tropoz-Ii Experiment, Journal of Geophysical Research-Atmospheres, 99, 8269-8279, 1994.

Pickering, K. E., Dickerson, R. R., Huffman, G. J., Boatman, J. F., et Schanot, A., Trace Gas-Transport in the Vicinity of Frontal Convective Clouds, Journal of Geophysical Research-Atmospheres, 93, 759-773, 1988.

Pickering, K. E., Thompson, A. M., Kim, H., DeCaria, A. J., Pfister, L., et al., Trace gas transport and scavenging in PEM-Tropics B South Pacific convergence zone convection, Journal of Geophysical Research-Atmospheres, 106, 32591-32607, 2001.

Pickering, K. E., Thompson, A. M., Tao, W. K., et Kucsera, T. L., Upper Tropospheric Ozone Production Following Mesoscale Convection During Step Emex, Journal of Geophysical Research-Atmospheres, 98, 8737-8749, 1993.

Pickering, K. E., Thompson, A. M., Wang, Y. S., Tao, W. K., McNamara, D. P., et al., Convective transport of biomass burning emissions over Brazil during TRACE A, Journal of Geophysical Research-Atmospheres, 101, 23993-24012, 1996.

Poisson, N., Kanakidou, M., et Crutzen, P. J., Impact of non-methane hydrocarbons on tropospheric chemistry and the oxidizing power of the global troposphere: 3-dimensional modelling results, Journal of Atmospheric Chemistry, 36, 157-230, 2000.

Pommereau, J.-P., et al., An overview of the HIBISCUS campaign, Atmos. Chem. Phys. Discuss., 7, 2007.

Prather, M. J., et Jacob, D. J., A persistent imbalance in HOx and NOx photochemistry of the upper troposphere driven by deep tropical convection, Geophysical Research Letters, 24, 3189-3192, 1997.

Price, C., Penner, J., et Prather, M., NOx from lightning .1. Global distribution based on lightning physics, Journal of Geophysical Research-Atmospheres, 102, 5929-5941, 1997.

Redelsperger, et, et al, Le livre blanc

http://amma.mediasfrance.org/france/index.2002a

Redelsperger, J. L., Diongue, A., Diedhiou, A., Ceron, J. P., Diop, M., Gueremy, J. F., et Lafore, J. P., Multi-scale description of a Sahelian synoptic weather system representative of the West African monsoon, Quarterly Journal of the Royal Meteorological Society, 128, 1229-1257, 2002b.

Redelsperger, J. L., et Lafore, J. P., A 3-Dimensional Simulation of a Tropical Squall Line - Convective Organization and Thermodynamic Vertical Transport, Journal of the Atmospheric Sciences, 45, 1334-1356, 1988.

Redelsperger, J. L., Thorncroft, C. D., Diedhiou, A., Lebel, T., Parker, D. J., et Polcher, J., African monsoon multidisciplinary analysis - An international research project and field campaign, Bulletin of the American Meteorological Society, 87, 1739-+, 2006.

Reed, R. J., Norquist, D. C., et Recker, E. E., Structure and Properties of African Wave Disturbances as Observed During Phase Iii of Gate, Monthly Weather Review, 105, 317-333, 1977.

Reeves, C. E., Ancellet, G., Attie, J.-L., Bechara, J., Borbon, A., et al., Chemical characterisation of the West Africa Monsoon during AMMA, en préparation pour Atmos. Chem. Phys., AMMA Special Issue, 2009.

Reeves, C. E., Formenti, P., Afif, C., Ancellet, G., Atti´e, J.-L., Bechara, J., Borbon, A., Cairo, F., Coe, H., Crumeyrolle, S., Fierli, F., Flamant, C., Gomes, L., Hamburger, T., Jambert, C., Law, K. S., Mari, C., Jones, R. L., Matsuki, A., Mead, M. I., Methven, J., Mills, G. P., Minikin, A., Murphy, J. G., Nielsen, J. K., Oram, D. E., Parker, D. J., Richter, A., Schlager, H., Schwarzenboeck, A., and Thouret, V.: Chemical and aerosol characterisation of the troposphere over West Africa during the monsoon period as part of AMMA, Atmos. Chem. Phys., 10, 7575–7601, doi:10.5194/acp-10-7575-2010, 2010.

Ridley, B., Convective transport of reactive constituents to the tropical and mid-latitude tropopause region: I. Observations, Atmospheric Environment, 38, 1259–1274, 2004.

Ridley, B., Atlas, E., Selkirk, H., Pfister, L., Montzka, D., et al., Convective transport of reactive constituents to the tropical and rigid-latitude tropopause region: I. Observations, Atmospheric Environment, 38, 1259-1274, 2004.

Riveros, H. G., Alba, A., Ovalle, P., Silva, B., et Sandoval, E., Carbon monoxide trend, meteorology, and three-way catalysts in Mexico City, Journal of the Air & Waste Management Association, 48, 459-462, 1998.

Rudolph, J., et Johnen, F. J., Measurements of Light Atmospheric Hydrocarbons over the Atlantic in Regions of Low Biological-Activity, Journal of Geophysical Research-Atmospheres, 95, 20583-20591, 1990.

Rudolph, T. W., et Thomas, J. J., Nox, NMHC and CO Emissions from Biomass Derived Gasoline Extenders, Biomass, 16, 33-49, 1988.

Saunders, S. M., Jenkin, M. E., Derwent, R. G., et Pilling, M. J., Protocol for the development of the Master Chemical Mechanism, MCM v3 (Part A): tropospheric degradation of non-aromatic volatile organic compounds, Atmospheric Chemistry and Physics, 3, 161-180, 2003.

Saunders, S. M., Jenkin, M. E., Derwent, R. G., et Pilling, M. J., World wide web site of a master chemical mechanism (MCM) for use in tropospheric chemistry models, Atmospheric Environment, 31, 1249, 1997.

Sauvage, B., Gheusi, F., Thouret, V., Cammas, J. P., Duron, J., et al., Medium-range mid-tropospheric transport of ozone and precursors over Africa: two numerical case studies in dry and wet seasons, Atmospheric Chemistry and Physics, 7, 5357-5370, 2007.

Saxton, J. E., Lewis, A. C., Kettlewell, J. H., Ozel, M. Z., Gogus, F., et al., Isoprene and monoterpene measurements in a secondary forest in northern Benin, Atmospheric Chemistry and Physics, 7, 4095-4106, 2007.

Scheeren, H. A., Fischer, H., Lelieveld, J., Hoor, P., Rudolph, J., et al., Reactive organic species in the northern extratropical lowermost stratosphere: Seasonal variability and implications for OH, Journal of Geophysical Research-Atmospheres, 108, 2003.

Schlager, H., Lichtenstein, M., Stock, P., et al., Aircraft measurements of the chemical composition in fresh and aged outflow from Mesoscale Convective Systems in West Africa, en préparation pour Atmos. Chem. Phys., AMMA Special Issue, 2009.

Schultz, M. G., Jacob, D. J., Wang, Y. H., Logan, J. A., Atlas, E. L., et al., On the origin of tropospheric ozone and NOx over the tropical South Pacific, Journal of Geophysical Research-Atmospheres, 104, 5829-5843, 1999.

Schumann, U., et Huntrieser, H., The global lightning-induced nitrogen oxides source, Atmospheric Chemistry and Physics, 7, 3823-3907, 2007.

Seinfeld, J. H., et Pandis, S. N., Atmospheric Chemistry and Physics: From Air Pollution to Climate Change: Wiley.1998

Singh, H., Chen, Y., Tabazadeh, A., Fukui, Y., Bey, I., et al., Distribution and fate of selected oxygenated organic species in the troposphere and lower stratosphere over the Atlantic, Journal of Geophysical Research-Atmospheres, 105, 3795-3805, 2000.

Singh, H. B., Herlth, D., Kolyer, R., Chatfield, R., Viezee, W., et al., Impact of biomass burning emissions on the composition of the South Atlantic troposphere: Reactive nitrogen and ozone, Journal of Geophysical Research-Atmospheres, 101, 24203-24219, 1996.

Singh, H. B., Salas, L. J., Chatfield, R. B., Czech, E., Fried, A., et al., Analysis of the atmospheric distribution, sources, and sinks of oxygenated volatile organic chemicals based on measurements over the Pacific during TRACE-P, Journal of Geophysical Research-Atmospheres, 109, 2004.

Solomon, S., Thompson, D. W. J., Portmann, R. W., Oltmans, S. J., et Thompson, A. M., On the distribution and variability of ozone in the tropical upper troposphere: Implications for tropical deep convection and chemical-dynamical coupling, Geophysical Research Letters, 32, 2005.

Sportisse, B., Pollution atmosphérique : Des processus à la modélisation.2008

Stevenson, D. S., Dentener, F. J., Schultz, M. G., Ellingsen, K., van Noije, T. P. C., et al., Multimodel ensemble simulations of present-day and near-future tropospheric ozone, Journal of Geophysical Research-Atmospheres, 111, 2006.

Stewart, D. J., Taylor, C. M., Reeves, C. E., et McQuaid, J. B., Biogenic nitrogen oxide emissions from soils: impact on NOx and ozone over west Africa during AMMA (African Monsoon Multidisciplinary Analysis: observation, Atmos. Chem. Phys., 8, 2285-2297, 2008.

Stickler, A., Fischer, H., Bozem, H., Gurk, C., Schiller, C., et al., Chemistry, transport and dry deposition of trace gases in the boundary layer over the tropical Atlantic Ocean and the Guyanas during the GABRIEL field campaign, Atmospheric Chemistry and Physics, 7, 3933-3956, 2007.

Stohl, A., Eckhardt, S., Forster, C., James, P., et Spichtinger, N., On the pathways and timescales of intercontinental air pollution transport, Journal of Geophysical Research-Atmospheres, 107, 2002.

Ström, J., Fischer, H., Lelieveld, J., et Schröder, F., In situ measurements of microphysical properties and trace gases in two cumulonimbus anvils over western Europe, J. Geophys. Res., 104, 1999.

Stull, R., Introduction to Boundary Layer Meteorology: D Reidel Pub Co.1988

Swap, R. J., Annegarn, H. J., Suttles, J. T., King, M. D., Platnick, S., Privette, J. L., et Scholes, R. J., Africa burning: A thematic analysis of the Southern

African Regional Science Initiative (SAFARI 2000), Journal of Geophysical Research-Atmospheres, 108, 2003.

Tabazadeh, A., Toon, O. B., et Jensen, E. J., A surface chemistry model for nonreactive trace gas adsorption on ice: Implications for nitric acid scavenging by cirrus, Geophysical Research Letters, 26, 2211-2214, 1999.

Talukdar, R. K., Burkholder, J. B., Schmoltner, A. M., Roberts, J. M., Wilson, R. R., et Ravishankara, A. R., Investigation of the Loss Processes for Peroxyacetyl Nitrate in the Atmosphere - Uv Photolysis and Reaction with Oh, Journal of Geophysical Research-Atmospheres, 100, 14163-14173, 1995.

Thompson, A. M., Tao, W. K., Pickering, K. E., Scala, J. R., et Simpson, J., Tropical deep convection and ozone formation, Bulletin of the American Meteorological Society, 78, 1043-1054, 1997.

Thompson, A. M., Witte, J. C., McPeters, R. D., Oltmans, S. J., Schmidlin, F. J., et al., Southern Hemisphere Additional Ozonesondes (SHADOZ) 1998-2000 tropical ozone climatology - 1. Comparison with Total Ozone Mapping Spectrometer (TOMS) and ground-based measurements, Journal of Geophysical Research-Atmospheres, 108, 2003.

Thouret, V., Saunois, M., Minga, A., Mariscal, A., Sauvage, B., et al., An overview of two years of ozone radio soundings over Cotonou as part of AMMA, Atmospheric Chemistry and Physics, 9, 6157-6174, 2009.

Tolnai, B., Hlavay, J., Moller, D., Prumke, H. J., Becker, H., et Dostler, M., Combination of canister and solid adsorbent sampling techniques for determination of volatile organic hydrocarbons, Microchemical Journal, 67, 163-169, 2000.

Tsutsumi, Y., Makino, Y., et Jensen, J. B., Vertical and latitudinal distributions of tropospheric ozone over the western Pacific: Case studies from the PACE aircraft missions, Journal of Geophysical Research-Atmospheres, 108, 2003.

Volz, A., et Kley, D., Evaluation of the Montsouris Series of Ozone Measurements Made in the 19th-Century, Nature, 332, 240-242, 1988.

von Kuhlmann, R., "Tropospheric Photochemistry of Ozone, its Precursors and the Hydroxyl Radical: A 3D-Modeling Study Considering Non-Methane Hydrocarbons." Johannes Gutenberg-Universitat Mainz.2001

Wennberg, P. O., Hanisco, T. F., Jaegle, L., Jacob, D. J., Hintsa, E. J., et al., Hydrogen radicals, nitrogen radicals, and the production of O-3 in the upper troposphere, Science, 279, 49-53, 1998.

Whalley, L. K., Lewis, A. C., McQuaid, J. B., Purvis, R. M., Lee, J. D., et al., Two high-speed, portable GC systems designed for the measurement of non-methane hydrocarbons and PAN: Results from the Jungfraujoch High Altitude Observatory, Journal of Environmental Monitoring, 6, 234-241, 2004.

Wildt, J., Kley, D., Rockel, A., Rockel, P., et Segschneider, H. J., Emission of NO from several higher plant species, Journal of Geophysical Research-Atmospheres, 102, 5919-5927, 1997.

Williams, J., Yassaa, N., Bartenbach, S., et Lelieveld, J., Mirror image hydrocarbons from Tropical and Boreal forests, Atmospheric Chemistry and Physics, 7, 973-980, 2007.

Williams, J. E., Scheele, M. P., van Velthoven, P. F. J., Cammas, J. P., Thouret, V., Galy-Lacaux, C., et Volz-Thomas, A., The influence of biogenic emissions from Africa on tropical tropospheric ozone during 2006: a global modeling study, Atmospheric Chemistry and Physics, 9, 5729-5749, 2009.

Winkler, J., Blank, P., Glaser, K., Gomes, J. A. G., Habram, M., et al., Ground-based and airborne measurements of nonmethane hydrocarbons in BERLIOZ: Analysis and selected results, Journal of Atmospheric Chemistry, 42, 465-492, 2002.

Wright, S. J., et Muller-Landau, H. C., The future of tropical forest species, Biotropica, 38, 287-301, 2006.

Wu, C. H., Feng, C. T., Lo, Y. S., Lin, T. Y., et Lo, J. G., Determination of volatile organic compounds in workplace air by multisorbent adsorption/thermal desorption-GUMS, Chemosphere, 56, 71-80, 2004.

Yokelson, R. J., Christian, T. J., Karl, T. G., et Guenther, A., The tropical forest and fire emissions experiment: laboratory fire measurements and synthesis of campaign data, Atmospheric Chemistry and Physics, 8, 3509-3527, 2008.

Zheng, X. Y., et Eltahir, E. A. B., The role of vegetation in the dynamics of West African monsoons, Journal of Climate, 11, 2078-2096, 1998.

Zipser, E. J., Cecil, D. J., Liu, C. T., Nesbitt, S. W., et Yorty, D. P., Where are the most intense thunderstorms on earth?, Bulletin of the American Meteorological Society, 87, 1057-+, 2006.

Table des illustrations

Partie I

Partie III

Liste des abréviations

A

AEJ	Jet d'Est Africain
AMMA	Analyse Multidisciplinaire de la Mousson Africaine
AMOVOC	Airborne Measurements Of Volatile Organic Compounds
AO	Afrique de l'Ouest
AOS	Aérosols Organiques Secondaires

B

BT	Basse troposphère

C

CIMS	Spectrométrie de Masse à Ionisation Chimique
COA	Capacité oxydante atmosphérique
COV	Composés Organiques Volatils
CLA	Couche Limite Atmosphérique
CO	Monoxyde de carbone

D

DECAFE	Dynamique Et Chimie Atmosphérique en Forêt Tropicale
DMN	Division de la Météo de Niamey
DNPH	2,4-Dinitrophénylhydrazine
DU	Unité Dobson

E

ECD	Détecteur à capture d'électrons
EOP	Enhanced Observation Period (Période d'Observations Renforcée)
EXPRESSO	EXPeriment for REgionnal Sources and Sinks of Oxidants

F

FID	Détection à ionisation de flamme

FIT   Front Inter Tropical

G

GABRIEL   Guyanas Atmosphere-Biosphere exchange and Radicals Intensive Experiment with the Learjet

GC-MS   Chromatographie Gazeuse - Spectrométrie de Masse

GOME   Global Ozone Monitoring Experiment

GRECA   Groupe de Recherche et d'Etude de la Chimie Atmosphérique

GTE-ABLE   Global Tropospheric Experiment - Amazon Boundary Layer Experiment

H

HCNM   HydroCarbures Non-Méthaniques

HID   Détection à ionisation d'hélium

HPLC   Chromatographie Liquide à Haute Performance

HT   Haute Troposphère

HCHO   Formaldéhyde

HNO_3 Acide nitrique

HONO   Acide nitreux

H_2O_2 Peroxyde d'hydrogène

I

INTEX   Intercontinental Chemical Transport Experiment

ITCZ   Intertropical Convergence Zone

L

LBA-CLAIRE   Large-Scale Biosphere-Atmosphere Experiment in Amazonia - Cooperative LBA Regional Experiment

LIS   Lightning Imaging Sensor

LOP   Long Observations Period (Période d'Observation Longue)

M

MCS	Mesoscale Convective System (Système Convectif de Méso-échelle)
MCM	Master Chemical Mechanism
MMSS	Multiple Manual Sampling System
MTA	Méthacroléïne
MVK	Méthylvinylcétone

N

NMHC	Non-Methane HydroCarbons (hydrocarbures non-méthaniques)
NOx	Oxydes d'azote (NO + NO_2)
NOy	Somme des composés azotés (NOx, NO_3, PAN, HNO_3, HONO, N_2O_5)

O

OCDE	Organisation de Coopération et de Développement Economiques
ORAC	Organics by Real-time Airborne Chromatograph
OH	Radical hydroxyl
O_3	Ozone

P

PEM	NASA Pacific Exploratory Mission
ppb	partie par billion (= 10^{-9} mol/mol)
ppm	partie par million (= 10^{-6} mol/mol)
ppt	partie par trillion (= 10^{-12} mol/mol)
PTR-MS	Proton-Transfer-Reaction Mass-Spectrometer
PAN	Péroxyacétyle nitrate

R

RH	Relative humidity (Humidité relative)

S

SAFARI	Southern African Fire Atmosphere Research Initiative
SAFIRE	Service des Avions Instrumentés pour la Recherche en Environnement
SCIAMACHY	SCanning Imaging Absorption SpectroMeter for Atmospheric CHartographY
SOP	Special Observations Period (Période d'Observation Spéciale)

T

TDAS	Thermodesorption autosampler
TEJ	Tropical Easterly Jet (Jet d'Est Tropical)
TOMS	Total Ozone Mapping Spectrometer
TRACE-A	TRansport And Chemistry near the Equator - Atlantic
TRMM	Tropical Rainfall Measuring Mission
TROCCINOX	TROpical Convection, CIrrus and Nitrogen OXides experiment
TROPOZ	TROPospheric OZone experiment

U

UTC	Universal Time Code (Temps Universel coordonné)

W

WAS	Whole Air Sampling

Z

ZCIT	Zone de Convergence Inter-Tropicale

Annexes

Annexe A : Mesure des COV

A-1 : Contenance de la bouteille étalon

Etalon NPL QE11/01/076

Référence :	E05100258
Composition de l'étalon :	30 COV
Concentrations moyennes :	1 à 10 ppb ($\Delta = \pm 0,08$ ppb pour tous les composés)
Date de certification :	April-06
Date d'expiration :	validité 2 ans
Pression bouteille (bar) :	100
N° cylindre :	D95 4966

Tableau A- 1 : Bouteille étalon NPL

Composé	Concentration (ppb)
éthane	4,13
éthylène	4,10
propane	4,09
propène	4,03
acétylène	4,09
isobutane	4,11
butane	3,99
trans-2-butène	3,99
1-butène	3,92
cis-2-butène	3,93
isopentane	3,98
pentane	4,03
1,3-butadiène	4,03
trans-2-pentène	3,84
1-pentène	3,91
isoprène	3,98
2-méthylpentane	3,98
hexane	3,98
benzène	4,02
heptane	3,93
2,2,4 triméthylpentane	4,01
octane	3,97
toluène	3,97
éthylbenzène	4,10
Méta-xylène	4,06
Para-xylène	4,06
Ortho-xylène	4,03
1,3,5-triméthylbenzène	3,94
1,2,4-triméthylbenzène	4,13
1,2,3-triméthylbenzène	3,76

A-2 : Linéarité de la chaine de mesure

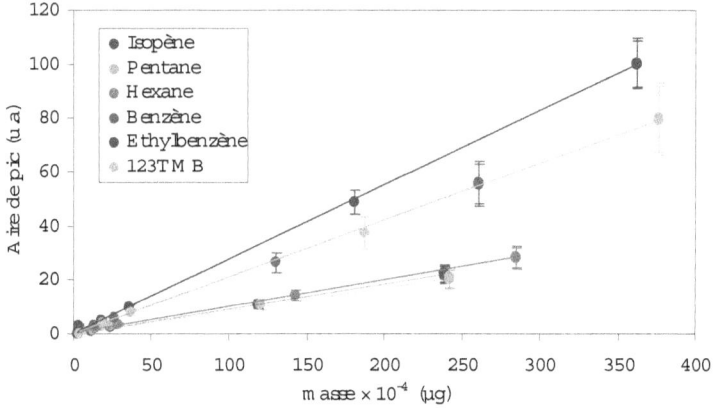

Figure A- 3 : Droites d'étalonnage pour une sélection de composés. Dans tous les cas, les coefficients de corrélation sont supérieurs à 0,99.

A-3 : Température de prélèvement

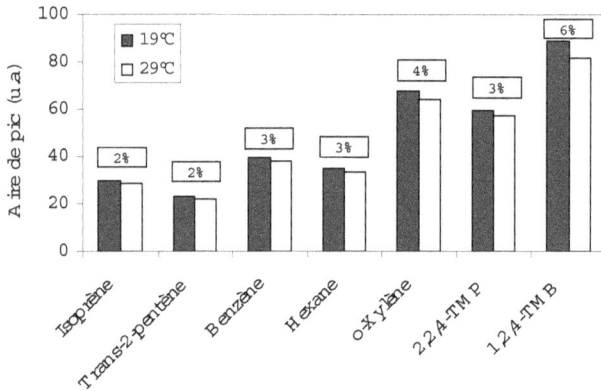

Figure A- 4 : Influence des températures de prélèvement entre 19 et 29 °C sur le piégeage des composés. Les écarts relatifs entre les deux séries figurent dans l'encadré. Ces écarts sont inférieurs aux limites de reproductibilité de l'instrumentation. La température entre 19 et 29 °C n'a donc pas d'influence significative sur les prélèvements.

A-4 : Constantes de vitesse des composés mesurés

Tableau A- 2: Constantes de vitesse des HCNM vis-à-vis de OH

Composé	Constante de vitesse en fonction de la température T $(cm^3.molécule^{-1}.s^{-1})$	Référence
pentane	$2,52 \times 10^{-17} \times T^2 \exp(158/T)$	Atkinson, 2003
isoprène	$2,70 \times 10^{-11} \exp(390/T)$	Atkinson et al., 2006
trans-2-pentène	$6,79 \times 10^{-11}$	Atkinson, 1990
hexane	$2.54 \times 10^{-14} \times T^1 \exp(-112/T)$	Atkinson, 2003
benzène	$2.30 \times 10^{-12} \exp(-190/T)$	IUPAC
heptane	$1.95 \times 10^{-17} \times T^2 \exp(406/T)$	Atkinson, 2003
2,2,4-triméthylpentane	$2.35 \times 10^{-17} \times T^2 \exp(140/T)$	Atkinson, 2003
octane	$2.72 \times 10^{-17} \times T^2 \exp(361/T)$	Atkinson, 2003
toluène	$1.80 \times 10^{-12} \exp(340/T)$	IUPAC
éthylbenzène	7.10×10^{-12}	Atkinson, 2003
Méta-xylène	2.36×10^{-11}	Atkinson, 2003
Para-xylène	1.43×10^{-11}	Atkinson, 2003
Ortho-xylène	1.37×10^{-11}	Atkinson, 2003
1,3,5-triméthylbenzène	5.75×10^{-11}	Atkinson, 2003
1,2,4-triméthylbenzène	3.25×10^{-11}	Atkinson, 2003
1,2,3-triméthylbenzène	3.27×10^{-11}	Atkinson, 2003

Atkinson, R., "Gas-phase tropospheric chemistry of organic compounds: a review", Atmospheric Environment, 24, 1–41, 1990

Atkinson, R., "Gas-phase tropospheric chemistry of organic compounds", J. Phys. Chem. Ref. Data, Monograph 2, 1–216, 1994

Atkinson, R., "Kinetics of the gas-phase reactions of OH radicals with alkanes and cycloalkanes." Atmospheric Chemistry and Physics, 3: 2233-2307, 2003

Atkinson, R., D. L. Baulch, R. A. Cox, J. N. Crowley, R. F. Hampson, R. G. Hynes, M. E. Jenkin, M. J. Rossi, and J. Troe, "Evaluated kinetic and photochemical data for atmospheric chemistry: Volume II - gas phase reactions of organic species." Atmospheric Chemistry and Physics, 6: 3625-4055, 2006

IUPAC Subcommittee for Gas Kinetic Data Evaluation, http://www.iupac-kinetic.ch.cam.ac.uk.

Annexe B : Autres données mesurées pendant la campagne

B-1 : Distribution latitudinale des HCNM mesurés

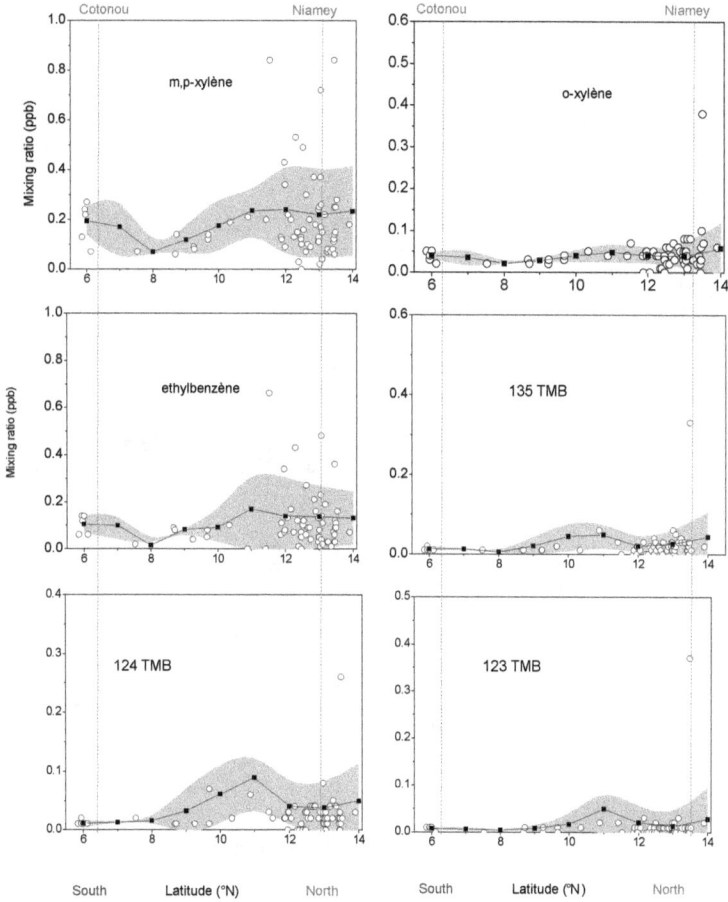

Figure B-1 : Profil s latitudinaux des concentrations des HCNM dans la basse troposphère (< 2 km). Les cercles blancs représentent toutes les observations, les points noirs les moyennes sur des couches de 1° de latitude et l'aire grisée les écarts-types.

B-1 : Suite

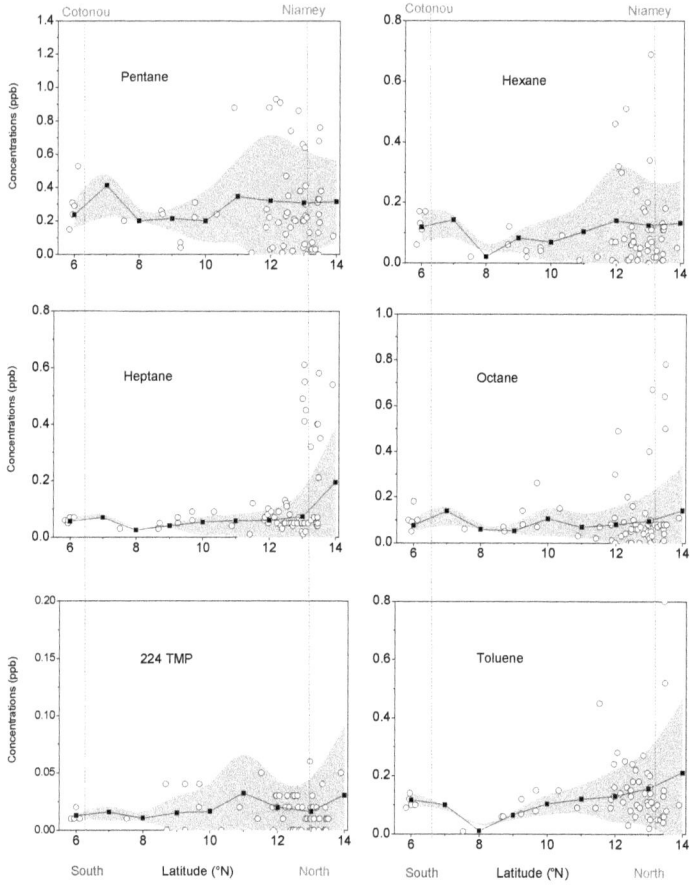

Figure B- 2 : Profils latitudinaux (suite)

230

B-2 : Profils verticaux des HCNM

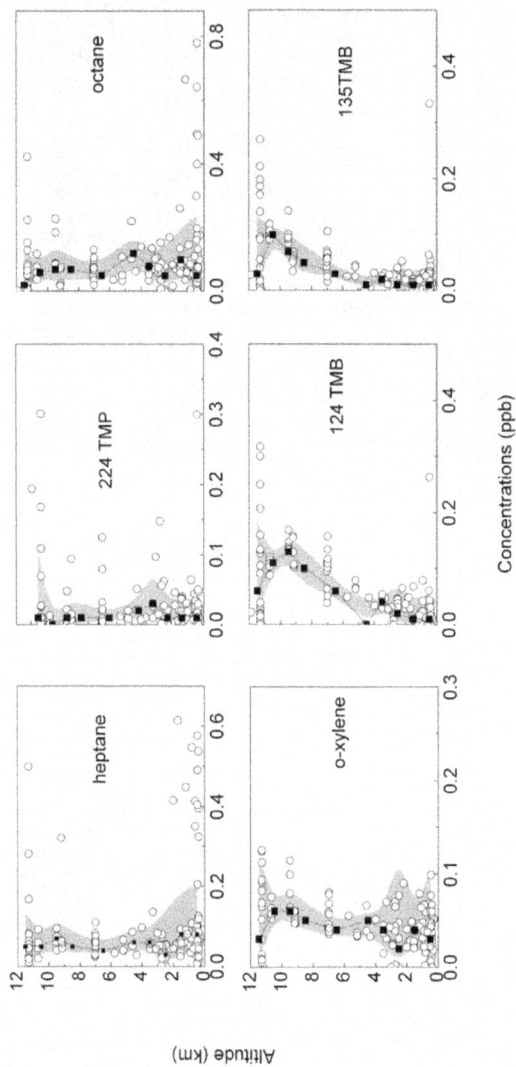

Figure B- 3 : Profils verticaux des HCNM. Les cercles blancs représentent toutes les observations, les points noirs les moyennes sur des couches de 1 km et l'aire grisée les écarts-types.

B-3 : Observations issues du vol FV48

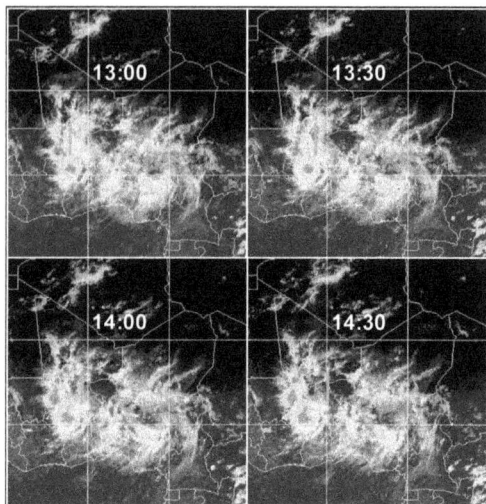

Figure B- 4 : Images satellites METEOSAT « MCS tracking » et axes de vol

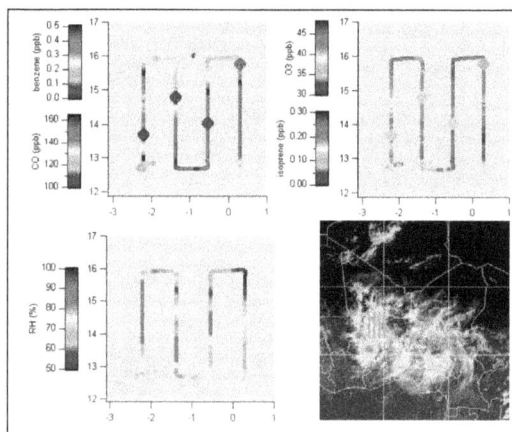

Figure B- 5 : Distribution latitude vs. longitude dans à 12 km d'altitude pour le CO, le benzène (haut gauche), l'ozone, l'isoprène (haut droite), RH (bas droite) et les axes de vols superposés à l'image satellite METEOSAT à 1300 UTC (bas droite).

B-4 : Observations issues du vol FV50

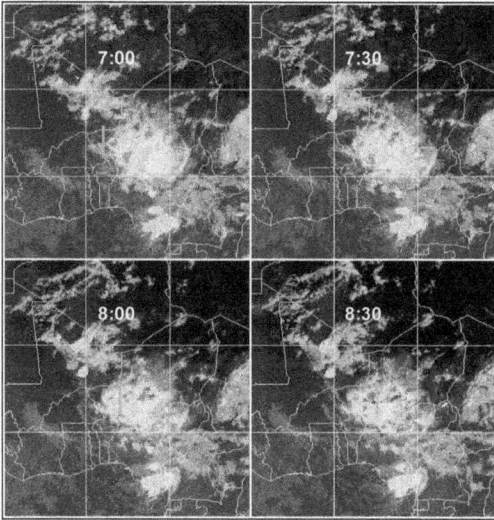

Figure B- 6 : Images satellites METEOSAT « MCS tracking » et axes de vol

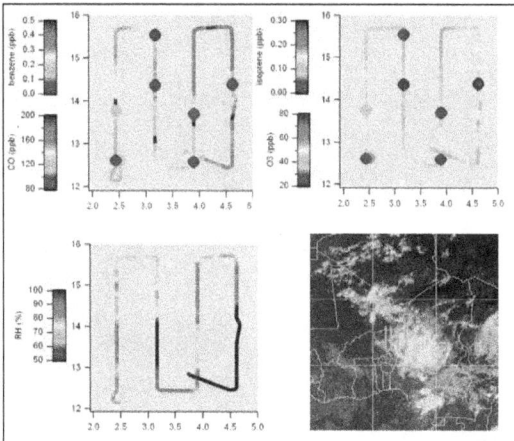

Figure B- 7 : Distribution latitude vs. longitude dans à 12 km d'altitude pour le CO, le benzène (haut gauche), l'ozone, l'isoprène (haut droite), RH (bas droite) et les axes de vols superposés à l'image satellite METEOSAT à 0700 UTC (bas droite).

B-5 : Observations issues du vol FV53

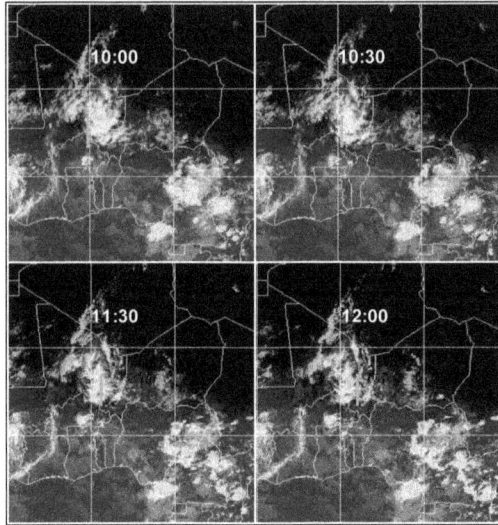

Figure B- 8 : Images satellites METEOSAT « MCS tracking » et axes de vol

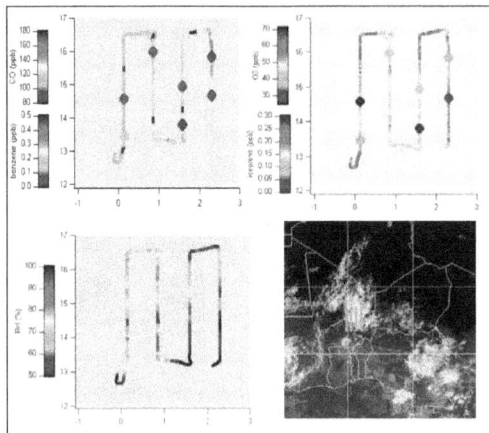

Figure B- 9 : Distribution latitude vs. longitude dans à 12 km d'altitude pour le CO, le benzène (haut gauche), l'ozone, l'isoprène (haut droite), RH (bas droite) et les axes de vols superposés à l'image satellite METEOSAT à 1000 UTC (bas droite).

Annexe C : Spéciation des sources de COV

C-1 : Emissions de HCNM par catégorie de source pour le continent africain pour l'an 2000

Source : EDGAR

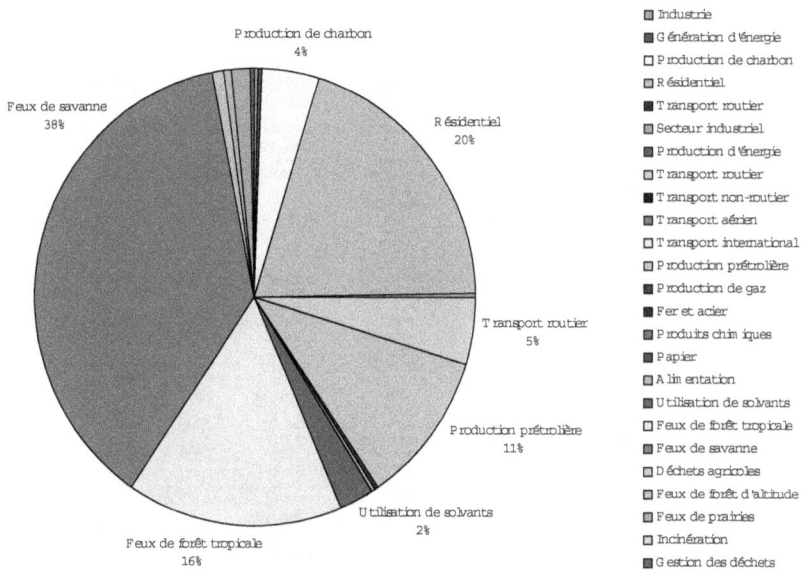

Table 1. Emission Factors for Pyrogenic Species Emitted From Various Types of Biomass Burning[a]

Species	Savanna and Grassland[b]	Tropical Forest[c]	Extratropical Forest[d]	Biofuel Burning[e]	Charcoal Making[f]	Charcoal Burning[f]	Agricultural Residues[i]
CO_2	1613 ± 95	1580 ± 90	1569 ± 131	1550 ± 95	440	2611 ± 241	1515 ± 177
CO	65 ± 20	104 ± 20	107 ± 37	78 ± 31	70	200 ± 38	92 ± 84
CH_4	2.3 ± 0.9	6.8 ± 2.0	4.7 ± 1.9	6.1 ± 2.2	10.7	6.2 ± 3.3	2.7
Total nonmethane hydrocarbons	3.4 ± 1.0	8.1 ± 3.0	5.7 ± 4.6	7.3 ± 4.7	2.0	2.7 ± 1.9	(7.0)[h]
C_2H_2	0.29 ± 0.27	0.21 – 0.59	0.27 ± 0.09	0.51 – 0.90	0.04	0.05 – 0.13	(0.36)[h]
C_2H_4	0.79 ± 0.56	1.0 – 2.9	1.12 ± 0.55	1.8 ± 0.6	0.10	0.46 ± 0.33	(1.4)[h]
C_2H_6	0.32 ± 0.16	0.5 – 1.9	0.60 ± 0.15	1.2 ± 0.6	0.10	0.53 ± 0.48	(0.97)[h]
C_3H_4	0.022 ± 0.014	0.013	0.04 – 0.06	(0.024)[b]	–	(0.06)[h]	(0.032)[h]
C_3H_6	0.26 ± 0.14	0.55	0.59 ± 0.16	0.5 – 1.9	0.06	0.13 – 0.56	(1.0)[h]
C_3H_8	0.09 ± 0.03	0.15	0.25 ± 0.11	0.2 – 0.8	0.04	0.07 – 0.30	(0.52)[h]
1-butene	0.09 ± 0.06	0.13	0.09 – 0.16	0.1 – 0.5	–	0.02 – 0.20	(0.13)[h]
i-butene	0.030 ± 0.012	0.11	0.05 – 0.11	0.1 – 0.5	–	0.01 – 0.16	(0.08)[h]
trans-2-butene	0.024 ± 0.014	0.05	0.01 – 0.05	0.05 – 0.3	–	0.01 – 0.06	(0.04)[h]
cis-2-butene	0.021 ± 0.011	0.042	0.008 – 0.13	0.05 – 0.18	–	0.01 – 0.03	(0.05)[h]
Butadiene	0.07 ± 0.05		0.06 – 0.08	0.11 – 0.36	–	0.01 – 0.10	(0.09)[h]
n-butane	0.019 ± 0.09	0.041	0.069 ± 0.038	0.03 – 0.13	–	0.02 – 0.10	(0.06)[h]
i-butane	0.006 ± 0.003	0.015	0.022 ± 0.009	0.01 – 0.05	–	0.006 – 0.01	(0.015)[h]
1-pentene	0.022 ± 0.010	0.056	0.04 – 0.07	0.5	–	0.028	0.008
n-pentane	0.005 ± 0.004	0.014	0.05 – 0.06	0.07	–	0.10	(0.025)[h]
2-methyl-butenes	0.008 ± 0.004	0.074	0.033	0.16	–	0.015	0.007
2-methyl-butane	0.011 ± 0.012	0.008	0.026 – 0.029	0.08	–	0.07	(0.018)[h]
Isoprene	0.020 ± 0.012	0.016	0.10	0.15 – 0.42	–	0.017	(0.05)[h]
Cyclopentene	0.012 ± 0.008	(0.02)[h]	0.019	0.61	–	0.035	(0.02)[h]
4-methyl-1-pentene	0.048	0.048	(0.05)[h]	0.015	–	(0.09)[h]	0.016
1-hexene	0.037 ± 0.016	0.063	0.07 – 0.11	(0.05)[h]	–	(0.13)[h]	0.013
n-hexane	0.039 ± 0.045	(0.05)[h]	0.03 – 0.06	(0.04)[h]	–	0.063	(0.05)[h]
Isohexanes	0.05	(0.08)[h]	(0.08)[h]	(0.06)[b]	–	(0.15)[h]	(0.08)[h]
Heptane	0.05	(0.08)[h]	(0.08)[h]	(0.06)[b]	–	(0.15)[h]	(0.08)[h]
Octenes	0.003 – 0.008	0.012	0.005	(0.007)[b]	–	(0.017)[h]	0.004
Terpenes	0.015	(0.15)[j]	0.22	(0.15)[i]	–	0.0	(0.015)[a]
Benzene	0.23 ± 0.11	0.39 – 0.41	0.49 ± 0.08	1.9 ± 1.0	–	0.3 – 1.7	0.14
Toluene	0.13 ± 0.06	0.21 – 0.29	0.40 ± 0.10	1.1 ± 0.7	–	0.08 – 0.61	0.026
Xylenes	0.045 ± 0.025	0.04 – 0.08	0.20	0.55 ± 0.44	–	0.04 – 0.22	0.01
Ethylbenzene	0.013 ± 0.003	0.013 – 0.035	0.048	0.17 ± 0.12	–	0.01 – 0.07	0.03
Styrene	0.024	(0.03)[h]	0.13	0.04 – 0.5	–	0.03 – 0.22	(0.03)[h]
PAH	0.0024	(0.025)[j]	(0.025)[j]	(0.025)[j]	–	(0.025)[j]	(0.025)[j]
Methanol	(1.3)[h]	(2.0)[b]	2.0 ± 1.4	(1.5)[h]	0.16	(3.8)[h]	(2.0)[h]
Ethanol	(0.011)[h]	(0.018)[h]	0.018	(0.013)[h]	–	(0.03)[h]	(0.018)[a]
1-propanol	0.025	(0.04)[h]	(0.04)[h]	(0.03)[h]	–	(0.08)[h]	(0.04)[h]
Butanols	0.008	0.009	(0.011)[h]	(0.008)[h]	–	(0.02)[h]	0.012
Cyclopentanol	0.032	0.031	(0.04)[h]	(0.03)[h]	–	(0.08)[h]	0.017
Phenol	0.003	0.006	(0.005)[h]	(0.004)[h]	–	(0.01)[h]	0.001
Formaldehyde	0.26 – 0.44	(1.4)[h]	2.2 ± 0.5	0.13 ± 0.05	–	(2.6)[h]	(1.4)[h]
Acetaldehyde	0.50 ± 0.39	(0.65)[b]	0.48 – 0.52	0.14 ± 0.05	–	(1.2)[h]	(0.65)[b]
Acrolein, propenal	0.08	(0.18)[b]	0.13 – 0.35	0.01 – 0.1	–	(0.35)[h]	(0.18)[h]
Propanal	0.009	(0.08)[h]	0.03 – 0.25	0.02 – 0.03	–	(0.15)[h]	(0.08)[h]
Butanals	0.053	0.071	0.21	0.04 – 0.05	–	(0.20)[h]	0.021
Hexanals	0.002 – 0.024	0.031	0.02	0.004 – 0.009	–	(0.14)[b]	0.012
Heptanals	0.003	0.003	(0.004)[b]	(0.003)[h]	–	(0.008)[h]	0.001
Acetone	0.25 – 0.62	(0.62)[b]	0.52 – 0.59	0.01 – 0.04	0.02	(1.2)[h]	(0.63)[h]
2-butanone	0.26	(0.43)[b]	0.17 – 0.74	0.03 – 0.06	–	(0.83)[b]	(0.44)[h]
2,3-butanedione	(0.57)[b]	(0.92)[b]	0.35 – 1.5	(0.68)[b]	–	(1.8)[b]	(0.9)[b]
Pentanones	0.01 – 0.02	0.028	0.09	(0.04)[h]	–	(0.09)[h]	0.007
Heptanones	0.006	0.002	(0.005)[h]	(0.004)[h]	–	(0.01)[h]	0.002
Octanones	0.015	0.019	(0.02)[h]	(0.016)[h]	–	(0.04)[h]	(0.02)[h]
Benzaldehyde	0.029	0.027	(0.036)[h]	0.02 – 0.03	–	(0.07)[h]	0.009
Furan	0.095	(0.48)[b]	0.40 – 0.45	0.65	–	(0.9)[h]	(0.5)[h]
2-methyl-furan	0.044 – 0.048	0.17	0.47	(0.18)[h]	–	(0.46)[h]	0.012
3-methyl-furan	0.006 – 0.011	0.029	0.05	(0.023)[h]	–	(0.06)[h]	0.003
2-ethylfuran	0.001	0.003	0.006	(0.003)[h]	–	(0.007)[h]	0.001
2,4-dimethyl-furan	0.008	0.024	(0.019)[h]	(0.014)[h]	–	(0.04)[h]	0.002
2,5-dimethyl-furan	0.002	(0.03)[h]	0.05	(0.021)[b]	–	(0.05)[h]	(0.03)[h]
Tetrahydrofuran	0.016	0.016	(0.02)[h]	(0.015)[h]	–	(0.04)[h]	0.006
2,3-dihydrofuran	0.012	0.013	(0.017)[h]	(0.012)[h]	–	(0.031)[h]	0.005
Benzofuran	0.014	0.015	0.026	(0.016)[h]	–	(0.04)[h]	0.004
Furfural	(0.23)[h]	(0.37)[h]	0.29 – 0.63	0.22	0.12	(0.72)[h]	(0.37)[h]
Methyl formate	(0.015)[b]	(0.025)[h]	0.025	(0.018)[b]	–	(0.05)[h]	(0.025)[h]

Table 1. (continued)

Species	Savanna and Grassland[b]	Tropical Forest[c]	Extratropical Forest[d]	Biofuel Burning[e]	Charcoal Making[f]	Charcoal Burning[f]	Agricultural Residues[g]
Methyl acetate	0.055	(0.10)[h]	0.09–0.12	(0.07)[h]	–	(0.19)[h]	(0.10)[h]
Acetonitrile	0.11	(0.18)[h]	0.19	(0.18)[h]	–	(0.18)[h]	(0.18)[h]
Formic acid	(0.7)[h]	(1.1)[h]	2.9 ± 2.4	0.13	0.20	(2.0)[h]	0.22
Acetic acid	(1.3)[h]	(2.1)[h]	3.8 ± 1.8	0.4–1.4	0.98	(4.1)[h]	0.8
H_2	0.97 ± 0.38	3.6–4.0	1.8 ± 0.5	(1.8)[h]		(4.6)[h]	(2.4)[h]
NO_x (as NO)	3.9 ± 2.4	1.6 ± 0.7	3.0 ± 1.4	1.1 ± 0.6	0.04	3.9	2.5 ± 1.0
N_2O	0.21 ± 0.10	(0.20)[i]	0.26 ± 0.07	0.06	0.03	(0.20)[i]	0.07
NH_3	0.6–1.5	(1.30)[i]	1.4 ± 0.8	(1.30)[i]	0.09	(1.30)[i]	(1.30)[i]
HCN	0.025–0.031	(0.15)[i]	(0.15)[i]	(0.15)[i]	(0.15)[i]	(0.15)[i]	(0.15)[i]
N_2	(3.1)[j]	(3.1)[j]	(3.1)[j]	(3.1)[j]	–	(3.1)[j]	(3.1)[j]
SO_2	0.35 ± 0.16	0.57 ± 0.23	1.0	0.27 ± 0.30	–	(0.40)[i]	(0.40)[i]
COS	0.015 ± 0.009	(0.04)[i]	0.030–0.036	(0.04)[i]	(0.04)[i]	(0.04)[i]	0.065 ± 0.077
CH_3Cl	0.075 ± 0.029	0.02–0.18	0.050 ± 0.032	0.04–0.07	(0.01)[j]	0.012	0.24 ± 0.14
CH_3Br	0.0021 ± 0.0010	0.0078 ± 0.0035	0.0032 ± 0.0012	(0.003)[j]	(0.003)[j]	(0.003)[j]	(0.003)[j]
CH_3I	0.0005 ± 0.0002	0.0068	0.0006	(0.001)[j]	–	(0.001)[j]	(0.001)[j]
Hg^d	0.0001	(0.0001)[j]	(0.0001)[j]	(0.0001)[j]	–	(0.0001)[j]	(0.0001)[j]
$PM_{2.5}$	5.4 ± 1.5	9.1 ± 1.5	13.0 ± 7.0	7.2 ± 2.3	–	(9)[j]	3.9
TPM	8.3 ± 3.2	6.5–10.5	17.6 ± 6.4	9.4 ± 6.0	4.0	(12)[j]	13
TC	3.7 ± 1.3	6.6 ± 1.5	6.1–10.4	5.2 ± 1.1	–	6.3	4.0
OC	3.4 ± 1.4	5.2 ± 1.5	8.6–9.7	4.0 ± 1.2	–	4.8	3.3
BC	0.48 ± 0.18	0.66 ± 0.31	0.56 ± 0.19	0.59 ± 0.37	–	1.5	0.69 ± 0.13
Levoglucosan	(0.28)[i]	0.42	(0.75)[i]	(0.32)[i]	–	–	(0.27)[i]
K	0.34 ± 0.15	0.29 ± 0.22	0.08–0.41	0.05 ± 0.01	–	0.40	0.13–0.43
CN	$(3.4 \times 10^{15})^j$	$(3.4 \times 10^{15})^j$	$(3.4 \times 10^{15})^j$	$(3.4 \times 10^{15})^j$	–	$(3.4 \times 10^{15})^j$	$(3.4 \times 10^{15})^j$
CCN [at 1% SS]	$(2 \times 10^{15})^j$	$(2 \times 10^{15})^j$	$[2.6 ± 4.2] \times 10^{15}$	$(2 \times 10^{15})^j$	–	$(2 \times 10^{15})^j$	$(2 \times 10^{15})^j$
$N_{(>0.12\ \mu m\ diam)}$	1.2×10^{15}	$(1 \times 10^{15})^j$	$(1 \times 10^{15})^j$	$(1 \times 10^{15})^j$	–	$(1 \times 10^{15})^j$	$(1 \times 10^{15})^j$

[a] Emission factors are given in gram species per kilogram dry matter burned. See text for the conventions used for reporting uncertainties. Abbreviations are as follows: $PM_{2.5}$, particulate matter <2.5 μm diameter; TPM, total particulate matter; TC, total carbon; BC, black carbon; CN, condensation nuclei; CCN, cloud condensation nuclei at 1% supersaturation; and $N_{(>0.12\ \mu m\ diam)}$, particles > 0.12 μm diameter. Values in parentheses represent estimates for emission factors that have not been measured directly. Estimation methods are indicated by superscripts.

[b] Data sources are *Delmas and Servant* [1982], *Brunke et al.* [2001], *Cofer et al.* [1988, 1989], *Ward and Hardy* [1989], *Cofer et al.* [1990a], *Bonsang et al.* [1991], *Delmas et al.* [1991], *Ward et al.* [1991], *Laursen et al.* [1992], *Ward et al.* [1992], *Hao and Ward* [1993], *Lacaux et al.* [1993], *Hurst et al.* [1994a, 1994b], *Manö and Andreae* [1994], *Singh et al.* [1994], *Bonsang et al.* [1995], *Cachier et al.* [1995], *Echalar et al.* [1995], *Gaudichet et al.* [1995], *Helas et al.* [1995], *Lacaux et al.* [1995], *Masclet et al.* [1995], *Nguyen et al.* [1995], *Rudolph et al.* [1995], *Scholes* 1995], *Anderson et al.* [1996], *Andreae et al.* [1996a, 1996b], *Blake et al.* [1996], *Cachier et al.* [1996], *Cofer et al.* [1996a], *Hao et al.* [1996a, 1996b], *Koppmann et al.* [1996], *Lacaux et al.* [1996], *Le Canut et al.* [1996], *Ward et al.* [1996], *Lee et al.* [1997], *Andreae et al.* [1998], *Ferek et al.* [1998], *Friedli et al.* [2001], and *Yamasoe et al.* [2000].

[c] Data sources are *Greenberg et al.* [1984], *Andreae et al.* [1988], *Ward et al.* [1991, 1992], *Hao and Ward* [1993], *Delmas et al.* [1995], *Andreae et al.* [1996b], *Blake et al.* [1996], *Koppmann et al.* [1996], *Andreae et al.* [1998], *Ferek et al.* [1998], *Yamasoe et al.* [2000], and *Graham et al.* [2001].

[d] Data sources are *Miner* [1969], *Eagan et al.* [1974], *Crutzen et al.* [1979], *Stith et al.* [1981], *Ward and Hardy* [1986], *Radke et al.* [1988], *Cofer et al.* [1989, 1990b], *Hegg et al.* [1990], *Radke et al.* [1990], *Susott et al.* [1990], *Ward et al.* [1990], *Cofer et al.* [1991], *Einfeld et al.* [1991], *Radke et al.* [1991], *Ward and Hardy* [1991], *Laursen et al.* [1992], *Wofsy et al.* [1992], *Hao and Ward* [1993], *Nance et al.* [1993], *Blake et al.* [1994], *Lefer et al.* [1994], *Manö and Andreae* [1994], *Singh et al.* [1994], *Manö* [1995], *Cofer et al.* [1996a, 1996b], FIRESCAN Science Team [1996], *Hobbs et al.* [1996], *Hurst et al.* [1996], *Martins et al.* [1996], *Vose et al.* [1996], *Worden et al.* [1997], *Andreae et al.* [1998], *Cofer et al.* [1998], *Yokelson et al.* [1999], *Friedli et al.* [2001], and *Goode et al.* [2000].

[e] Data sources are *Rasmussen et al.* [1980], *Smith et al.* [1993], *Brocard et al.* [1996], *Liousse et al.* [1996], *Zhang and Smith* [1996], *Zhang et al.* [1999], *Kituyi et al.* [2001], and Veldt (unpublished manuscript, 1992).

[f] Data sources are *Crutzen et al.* [1979], *De Angelis et al.* [1980], *Myers* [1980], *Rasmussen et al.* [1980], *Dasch* [1982], *Edgerton et al.* [1986], *Smith* [1988], *Delmas et al.* [1991], *Joshi* [1991], *Veldt* [1992], *Hao and Ward* [1993], *Smith et al.* [1993], *Brocard et al.* [1996], *Cachier et al.* [1996], *Liousse et al.* [1996], *Piccot et al.* [1996], *Zhang and Smith* [1996], *Schauer* [1998], *Zhang and Smith* [1999], *Zhang et al.* [1999], *Kituyi et al.* [2001], *Ludwig et al.* [2001], *Zhang et al.* [2000], and Veldt (unpublished manuscript, 1992).

[g] Data sources are *Rasmussen et al.* [1980], *Lobert et al.* [1991], *Hao and Ward* [1993], *Nguyen* [1994], *Nguyen et al.* [1995], *Andreae et al.* [1996a], *Koppmann et al.* [1996], *Liousse et al.* [1996], *Zhuang et al.* [1996], *Andreae et al.* [1998], *de Zarate et al.* [2000], *Kituyi et al.* [2001], and *Ludwig et al.* [2001].

[h] Extrapolation is based on emission ratios to CO.

[i] Value is best guess.

[j] Estimate is based on laboratory studies.